人人伽利略系列 40

U0076913

時間與空間的扭曲產生出
神祕的「時空洞穴」

黑洞・白洞・蟲洞

人人出版

人人伽利略系列40
時間與空間的扭曲產生出神祕的「時空洞穴」

黑洞・白洞與蟲洞

3 銀河系也存在有超巨大黑洞！

協助 嶺重 慎／齋藤貴之／秦 和弘

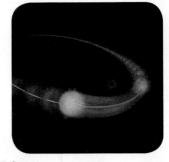

4 超巨大黑洞的謎團

協助 梅村雅之／海老澤 研／本間希樹

5 深入了解黑洞

協助 福江純／原田知廣／須山輝明

1

序章

以極為強大的重力將周遭物質吸進去，即使是宇宙中速度最快的光也一樣，一旦遭到吞噬，便再也無法逃脫，這樣的天體就是黑洞。顧名思義，黑洞的主體是肉眼看不見的「黑暗」，但實際上，黑洞也是宇宙中最明亮且最活躍的一種天體。

在2010年代，我們人類終於成功地直接捕捉到黑洞的影像。從預言有黑洞存在以來，至今已經過了大約1世紀，隨著令人讚歎的觀測成果，黑洞世界新的謎團也陸續被揭開，下面就讓我們一起去看看吧。

協助　梅村雅之／本間希樹

連光都無法逃逸的超重力怪物

遭致吞噬的氣體

吸積盤

黑 洞是所有質量都集中在中心的天體,具有強大的重力,像無底沼澤般吞噬所有的一切,一旦被吸入其中,就連光也無法逃脫;這個連光都無法逃離的空間,就叫做黑洞。宇宙中或許找不到第二個比黑洞更神祕且引人入勝的天體了。

過去曾認為黑洞只是理論上的產物,實際上並不存在。然而,隨著觀測技術的進步,有愈來愈多的證據顯示宇宙中確實存在著黑洞。

典型的黑洞質量通常是太陽的數倍到數十倍,半徑約為數十公里,這樣的黑洞稱為「恆星質量黑洞」。在星系中就存在著許多類似的黑洞。

另一方面,目前已經發現存在著比恆星質量黑洞更重的黑洞,這些黑洞稱為「超大質量黑洞」、「超巨大黑洞」等,質量介於太陽的100萬到數十億倍之間,有些黑洞的質量甚至達到太陽的210億倍。質量達到太陽的10億倍,就意謂著半徑長達30億公里,足以容納整個太陽系,其巨大程度可見一斑。

這些超巨大黑洞就位於星系的中心區域。事實上,人們普遍認為大多數星系的中心都存在著這類超巨大黑洞。幾年前,在一個名為M87的橢圓星系中心,就曾拍攝到一個質量為太陽65億倍的超巨大黑洞。後來在我們的「銀河系」中心,也拍攝到一個質量為太陽400萬倍的黑洞。

足以容納整個太陽系的超巨大黑洞

大型星系的中心存在著質量巨大的黑洞，質量超過太陽質量的10億倍，半徑大小超過30億公里，這樣的長度幾乎等於太陽和天王星之間的距離。

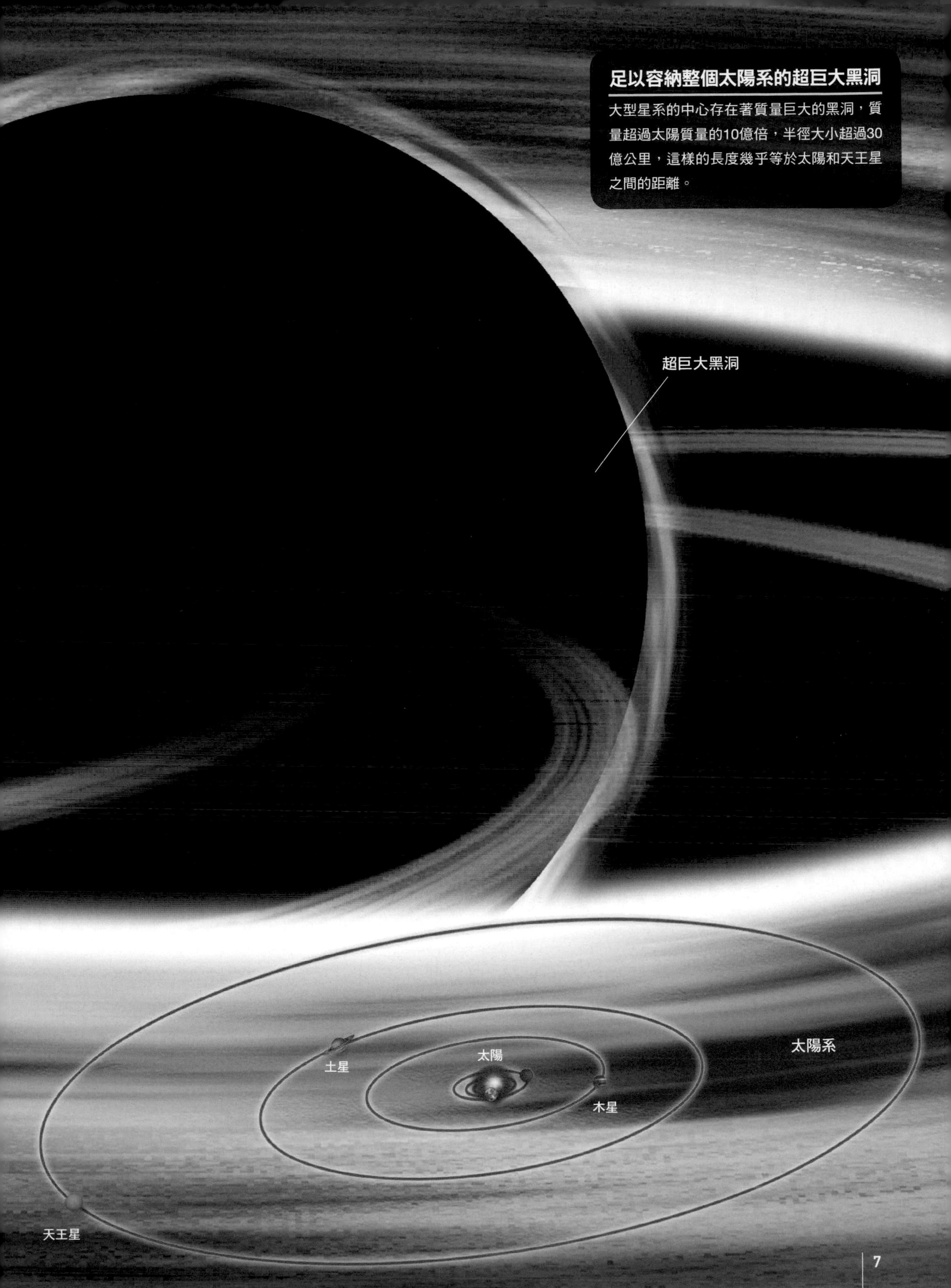

超巨大黑洞之謎

超巨大黑洞是如何形成的？

我們已經知道，恆星質量黑洞是由於重星死亡時在巨大的重力作用下形成。然而，超巨大黑洞的形成過程長期以來一直是未解之謎，如今已是天文學中的一個重要主題。

目前已知超巨大黑洞在宇宙早期就已經存在，不過這些黑洞是如何在短時間內形成，已成為解開其形成過程的一大難題。

為何超巨大黑洞會存在於星系中心呢？儘管目前尚未解開箇中原因，但研究人員認為，超巨大黑洞及其所在的母星系是在兩邊相互密切影響的情況下共同演化。

黑洞不光只是吞噬物質。在強大的重力交互作用下，黑洞經常以接近光速的速度，將部分物質噴射到距離星系直徑數十倍的遠方（事實上，其中的機制仍是尚未完全解開的問題）。超巨大黑洞在宇宙中是龐大的能量來源，一般認為超巨大黑洞就是透過這個能量，在星系和宇宙的演化中發揮重要的功能。

宇宙充滿了黑洞

圖中呈現的是存在於星系中的恆星質量黑洞與超大質量黑洞的示意圖。實際上，與星系的規模相比，黑洞根本微不足道，連觀測都有困難，圖中的黑洞只不過是以誇大的方式呈現。超大質量黑洞存在於星系中心，而星系中還存在著許多恆星質量黑洞（圖中所示並非真實的存在密度）。

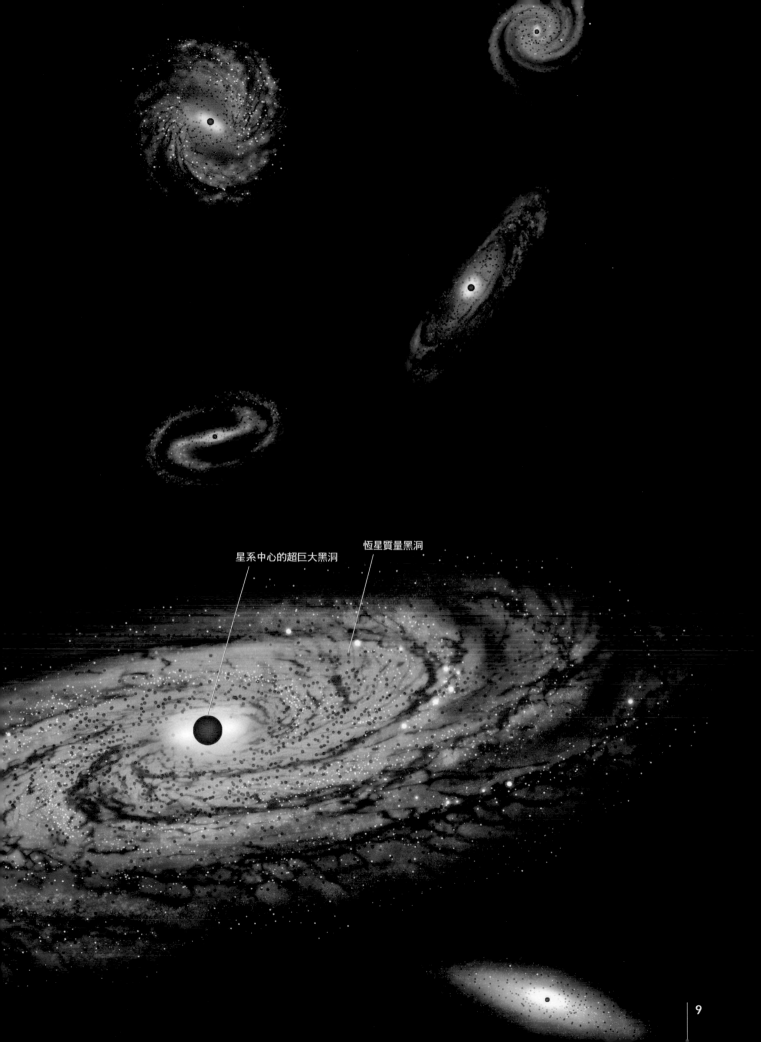

星系中心的超巨大黑洞

恆星質量黑洞

透過重力波的觀測首次偵測到黑洞合併

在 日本時間2016年2月12日的凌晨，一則消息迅速傳遍全球。那就是美國的重力波觀測裝置「LIGO」，成功直接觀測到兩個黑洞合併時所產生的「重力波」。這張圖片是兩個黑洞即將合併前的想像圖，跟黑洞一樣，愛因斯坦的廣義相對論也預言重力波存在。

之後，LIGO也偵測到另一個黑洞聯星（binary star）合併所產生的重力波。**黑洞的合併對於了解超巨大黑洞的形成方式具有極為重大的意義**。在LIGO首次偵測到的合併現象中，兩個黑洞比一般的恆星質量黑洞更重，而關於它們的形成方式至今仍眾說紛紜。

從地球和太空同步觀測星系中心的黑洞

2019年4月，人類有史以來首次成功直接拍攝到黑洞的消息迅速傳遍全球。成功拍攝到黑洞的EHT（event horizon telescope，事件視界望遠鏡），是透過結合全球8個地方※的無線電波望遠鏡，以獲取前所未有的高解析度無線電波影像為目的的國際計畫。

EHT的觀測於2017年4月進行，後來成功捕捉到位於室女座方向而距離約5500萬光年的星系「M87」之中心黑洞所產生的「陰影」（第88頁）。事實上，當時包括全球各地的天文臺和環繞地球運行的天文衛星等，共有19座望遠鏡與EHT攜手合作，針對M87進行同步觀測。 右側影像顯示從EHT捕捉到直徑0.013光年（約為海王星軌道的27倍）的環狀結構，到利用 γ 射線拍攝包括M87在內約190萬光年的大範圍影像，以各種波長的電磁波拍攝不同尺度的M87形象。

這次觀測首度揭示黑洞在拍攝的時間點正處於相對穩定的狀態，以及EHT所捕捉到的電波似乎來自與 γ 射線不同的區域。這項成果將有助於人類解開巨大黑洞產生電磁波和噴流的機制。
（撰文：中野太郎）

※：望遠鏡於2018年至2020年間增設，目前全球共有11個地點。

以電波進行觀測

1320光年
26.4光年
2.6光年
1.3光年
0.26光年
0.013光年

利用不同波長捕捉到的黑洞

使用全球各地的天文臺和軌道上的太空望遠鏡等，共計19座望遠鏡，以不同的尺度和波長拍攝M87的中心到星系周邊的影像。左列是透過電波，中列是透過可見光和紫外線，右列則是透過X射線和 γ 射線之波長所攝得的影像。M87歸類為「活躍星系」，帶電粒子形成接近光速的噴流（從星系中心向右上方延伸的帶狀結構）從中心噴出。

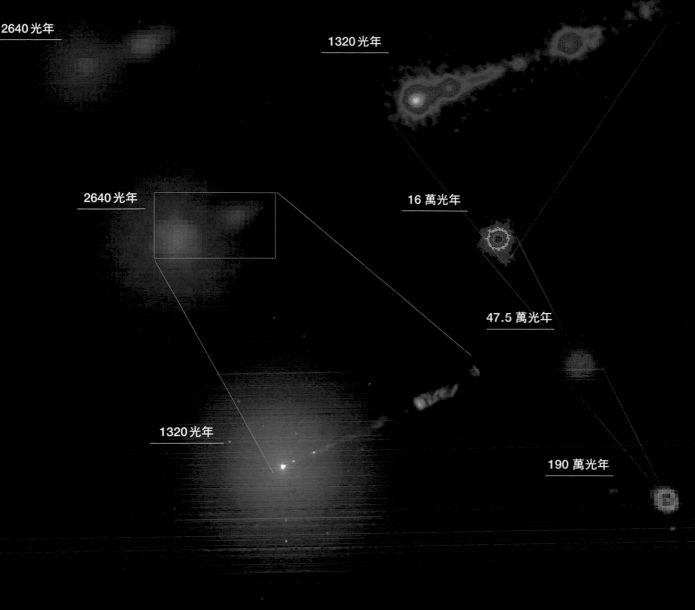

2640 光年

2640 光年

1320 光年

16 萬光年

47.5 萬光年

1320 光年

190 萬光年

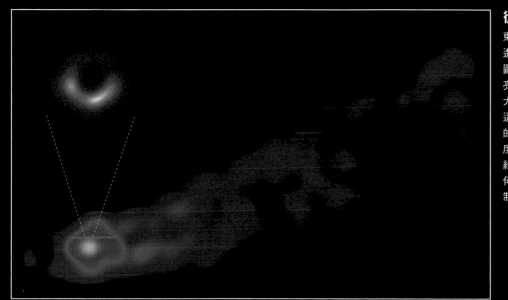

從黑洞周圍噴出的噴流

東亞VLBI觀測網（EAVN）是與EHT
進行同步觀測的望遠鏡群之一，這張
圖是它所拍攝的M87噴流。左下方明
亮的部分是星系中心，EHT拍攝的巨
大黑洞（左上圖像）也位於其中。從
這裡向右上方噴出的噴流，在可見光
的影像中已經達到超過3000光年的長
度；換言之，噴流的噴射活動應該已
經持續了至少3000年以上，但噴流如
何從黑洞周圍產生並長期維持，其機
制目前依然成謎。

2 奇妙的天體 黑洞的 真實樣貌

黑洞究竟是什麼，我們該如何找到它？為何人們會認為大多數星系的中心都存在著巨大黑洞？曾經被認為只存在於理論中的黑洞，隨著理論和觀測技術的進展，其存在之實逐漸明朗。讓我們從黑洞的預言開始，逐步了解發現超巨大黑洞的來龍去脈。

協助　野本憲一／福江 純／海老澤 研／嶺重 慎／大西響子／泉 拓磨

所有人都曾認為黑洞不可能存在

黑洞是一種連光都無法逃脫的天體。那麼，人們為什麼會認為有這種奇妙的天體存在呢？

黑洞最初是由與重力相關的兩種理論所預測出來的天體。首先，18世紀末的科學家，根據牛頓的萬有引力定律，提出「連光也無法逃逸的恆星」的概念。隨著天體的質量不斷增加，最終即使以光速移動，也無法擺脫天體的重力而飛離。由於連光都無法逃脫，因此無法觀測這樣的天體；也就是說，人們預測這種天體將成為「看不見的恆星」。

1916年，德國物理學家史瓦西（Karl Schwarzschild，1873～1916），根據發展萬有引力定律的愛因斯坦重力理論（廣義相對論），推導出有關恆星表面附近和內部重力的計算公式。該公式的其中一個結論是，當恆星遭壓縮至密度過高時，物質和光將全然被吸入其中。

人們原本是將這種極小且高密度的天體稱為「冰凍星」，後來美國物理學家惠勒（John Archibald Wheeler，1911～2008）於1967年命名的「黑洞」這個名稱才開始廣為流傳。右圖呈現光從黑洞周圍通過時的變化。廣義相對論認為空間會受到「重力」扭曲，圖中的曲面代表扭曲的程度，愈傾斜的地方，受到黑洞重力影響的空間扭曲程度就愈大。光線通過扭曲的空間，就有如在這個曲面上滾動的球一般，會往黑洞方向被吸過去。

當時的許多天文學家，甚至連提出廣義相對論的愛因斯坦，都認為宇宙中並不存在黑洞。舉例來說，要把地球壓縮成黑洞，需要一個能夠壓縮到直徑僅有9毫米大小的環境；對天文學家來說，這樣的環境在現實中根本不存在。

黑洞連光線都會吞噬

圖中顯示光線通過黑洞（中央的黑色球體）周圍的方式。從黑洞遠處通過的光線幾乎不受影響；反之，經過黑洞附近的光線，不但路徑大幅改變，甚至會被吸入黑洞中而無法逃脫。

此外，往黑洞下方擴散的曲面代表扭曲的程度，傾斜愈大的地方，受到黑洞影響的空間扭曲程度就愈大。

直線行進的光

史瓦西（1873～1916）

德國物理學家。在軍隊服役期間，史瓦西解開了剛發表不久的廣義相對論方程式，並與愛因斯坦保持著聯繫。他的論文於1916年透過愛因斯坦發表，卻不幸在發表後4個月即因病去世。

愛因斯坦（1879～1955）

德國物理學家，於1916年發表廣義相對論。據說他對史瓦西竟能立刻解開廣義相對論中有關重力的方程式感到非常訝異。愛因斯坦認為黑洞並不存在，所以直到1930年左右，他一直都在尋找黑洞並不存在的未知線索。

路徑稍稍偏離的光

路徑大幅彎曲的光

遭黑洞吞噬的光

事件視界

奇異點

史瓦西半徑

黑洞的結構為何？

黑洞中心有個質量集中的「奇異點」（singular point），黑洞即是以這個奇異點為中心、連光也無法逃脫的球形空間；其邊界稱為「事件視界」（event horizon），半徑稱為「史瓦西半徑」（Schwarzschild radius），相當於18世紀末提出的「看不見的恆星」半徑。黑洞（球面）在這種情況下並不存在任何東西，由於「如同墜入深淵」，於是便將整個球形空間都視為黑洞。

超過質量的極限會形成黑洞嗎？

黑 洞是一種質量非常巨大的天體，但其所有質量都集中在一個點（奇異點）上，這樣的天體被認為只存在於理論，實際上並不存在。然而到了1930年代，某個年輕人的想法讓人們開始相信黑洞有可能真實存在；

這位年輕人就是當時正在學習物理、年僅20歲的印度學生錢德拉塞卡（Subrahmanyan Chandrasekhar，1910～1995）。

錢德拉塞卡發現了「白矮星」（white dwarf），這是種非常小但密度極高的恆星，他根據當時剛剛興起的量子力學和狹義相對論，推斷出白矮星所能承受的自身重力有其極限。錢德拉塞卡主張：「一旦白矮星的質量達到太陽質量的1.46倍，將成半徑為零的恆星。」那時候尚未出現「黑

太陽

白矮星 —— 質量超過太陽 1.4 倍時會塌縮成中子星

由密集電子支撐的恆星。白矮星的密度極高，質量接近太陽，每立方公分的重量約1000公斤到1噸；順帶一提，太陽密度最高的部分，每立方公分的重量約150公克。

密集的電子在名為「簡併壓力（degeneracy pressure）」的力量支撐下，使其得以抵抗重力來維持形狀。簡併壓力所能支撐的重力有其極限，一旦超過太陽1.4倍的極限質量，白矮星就會塌縮（重力塌縮）。在白矮星質量不斷增加的演化過程中，當質量接近太陽1.4倍，且中心密度足夠高時，中心的電子會開始受到原子核吸收〔電子捕獲（electron capture），第34頁〕；最終，當極限質量小於1.4倍，並且低於白矮星的質量時，就會發生重力塌縮。在這個過程中，質子吸收電子轉變成中子，形成中子星。

錢德拉塞卡（1910～1995）

印度裔美國物理學家。他在20歲時從印度乘船前往英國劍橋大學就讀的途中，開始研究白矮星的質量極限。儘管這個發現在發表之初遭到強烈的反駁，但錢德拉塞卡仍於1983年憑藉白矮星質量極限的研究成果而榮獲諾貝爾物理學獎。NASA用於觀測發射X射線的天體的「錢德拉X射線天文衛星」，就是以他名字的俗稱「Chandra」來命名。

洞」這個詞彙，但這猶如黑洞將現身的預言。

據說當時的權威天文學家強烈反駁這個理論，導致錢德拉塞卡被迫轉換研究領域。然而在此之後的30多年，人們開始認識到白矮星確實存在質量極限。儘管觀測無數個白矮星，但是並未發現質量超過太陽質量1.46倍的白矮星。

在錢德拉塞卡提出假設的同時，英國原子物理學家查兌克（James Chadwick，1891～1974）也在同一時期發現構成原子核的「中子」。到了1934年，美國天文學家茨維基（Fritz Zwicky，1898～1974）和俄羅斯物理學家朗道（Lev Landau，1908～1968）提出了主要由中子組成的「中子星」。

後來在1939年，美國物理學家歐本海默（Julius Robert Oppenheimer，1904～1967）從理論上證明中子星存在著質量的極限，他主張：「一旦中子星的質量超過太陽質量的3倍時，重力塌縮將會永無止境地持續下去。」

此後，人們未再提出比中子星更能承受強大重力的恆星理論，因此有些天文學家逐漸開始認為：「**當過重的恆星燃燒殆盡，引發重力塌縮時，就有可能形成黑洞**。」

歐本海默（1904～1967）
美國物理學家。受到茨維基和俄羅斯物理學家朗道等人提出的中子星概念啟發，於1939年揭示中子星重力塌縮的過程。自1940年代開始成為主導原子彈開發的核物理學專家，從此逐漸脫離星體研究的行列。

**中子星 —— 質量超過太陽3倍時
會塌縮成黑洞**

要由中子組成的恆星。這種密度極高的天體，每立方公分的量約1億到10億噸。

中子星是透過近距離中子之間的排斥力「核力」（nuclear ce），來對抗重力以維持形狀。中子星的質量有其極限，一認為當質量超過太陽3倍時，就會塌縮成黑洞。

黑洞
能夠無止境吞噬物質的天體。

需要壓縮到什麼程度才會形成黑洞？

黑洞的半徑與其質量成正比，質量愈大，半徑就愈大。以最簡單的黑洞類型為例，黑洞的半徑是指光一旦接近便無法逃脫之球形區域的半徑。

舉例來說，質量為太陽10倍的典型黑洞，其半徑約為30公里，這相當於國道五號高速公路從台北南港交流道到宜蘭頭城交流道的里程。

此外，如果是質量為太陽10億倍的超巨大黑洞，其半徑約為30億公里，這個長度超過從太陽到土星的距離；如此巨大的黑洞確實也存在於宇宙當中。

話說回來，即使是質量相對較小的物體，若能設法強行壓縮，理論上也可以製造出黑洞。例如，如果將太陽（約$2×10^{30}$公斤）壓縮成黑洞，其半徑大約會在3公里左右。

假設太陽變成黑洞，可能有些人會擔心地球是否會被吸引過去。不過還請放心，即使太陽在此時此刻變成黑洞，地球的運行也不會受到任何影響。黑洞吞噬一切的現象，只有在非常接近它時才會發生。在遠處，黑洞的重力作用與普通恆星沒什麼區別。

另外，密度比一般恆星更高的恆星，包括「白矮星」和「中子星」（第18頁～第19頁），儘管具有與太陽相當（位數相同）的質量，但白矮星的半徑通常約1000公里，密度更高的中子星僅約10公里。縱使如此，這樣的大小仍離形成黑洞還有一段差距。

下面讓我們思考地球（質量約為太陽的30萬分之1）變成黑洞的情況。假如地球變成黑洞，半徑只有大約9毫米。這甚至比我們壹圓硬幣的半徑還要略小一些。

再假設一個體重60公斤的人變成了黑洞，如果是這樣，這個黑洞的半徑將遠遠小於原子的大小，僅有$9×10^{-24}$公分

總而言之，理論上任何東西都可以變成黑洞，但我們目前尚不清楚自然現象能否將太陽或地球等天體壓縮到那種程度。

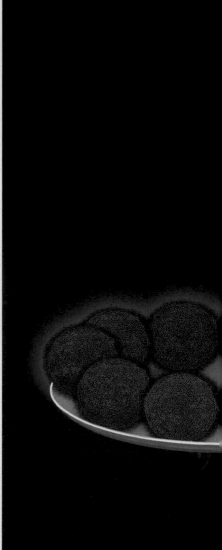

各種天體 （括號內為實際半徑）	質量	史瓦西半徑 （變成黑洞的大小）
超巨大黑洞	假設為太陽的10億倍	30億公里
恆星質量黑洞	假設為太陽的10倍	30公里
太陽 （約70萬公里）	$2×10^{30}$公斤	3公里
白矮星 （約1000公里）	與太陽相當	約3公里
中子星 （約10公里）	太陽的1.4倍左右	約4.2公里
地球 （6371公里）	$6×10^{24}$公斤	9毫米
成人	60公斤	$9×10^{-23}$毫米

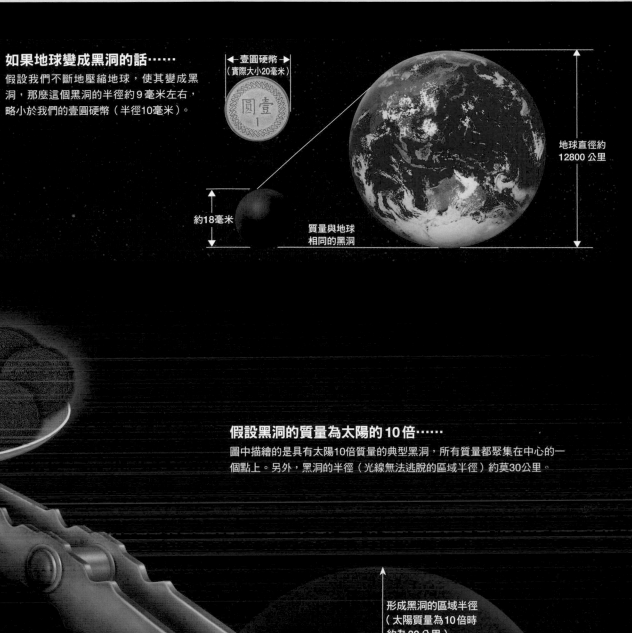

如果地球變成黑洞的話……

假設我們不斷地壓縮地球，使其變成黑洞，那麼這個黑洞的半徑約9毫米左右，略小於我們的壹圓硬幣（半徑10毫米）。

◀ 壹圓硬幣 ▶
（實際大小20毫米）

約18毫米

質量與地球
相同的黑洞

地球直徑約
12800公里

假設黑洞的質量為太陽的10倍……

圖中描繪的是具有太陽10倍質量的典型黑洞，所有質量都聚集在中心的一個點上。另外，黑洞的半徑（光線無法逃脫的區域半徑）約莫30公里。

形成黑洞的區域半徑
（太陽質量為10倍時
約為30公里）

奇異點
所有質量都聚集於此

可以觀測到恆星伴隨的黑洞

正如第18～19頁所述,黑洞形成的天文現象得到歐本海默的理論支持(有關黑洞形成的機制會在34頁詳細介紹)。不過,麻煩的一點就在於我們無法直接觀測到黑洞本身,因為它不會發出光波(電磁波)。

然而,人們在1960年代已經發現可以進行間接觀測。**儘管不容易對單獨存在的黑洞進行觀測,但如果是與恆星成對的「聯星黑洞」,就可以找到它們。**

想像一下兩顆以上的恆星所組成的「聯星」。這是指兩顆恆星圍繞著共同重心運行的天體,通常稱較亮的那顆為主星,較暗的則為伴星,此外也有三顆以上恆星所組成的多重聯星。我們的太陽是顆單一的恆星,但宇宙中由兩顆以上之恆星所組成的聯星更為普遍。

假設聯星中的其中一顆恆星變成黑洞,由於恆星是由氣體聚集而成,可以預見構成另一顆恆星的氣體會受到黑洞的重力吸引而被汲取到黑洞當中,這些氣體可能會在黑洞的周圍形成圓盤狀結構〔吸積盤(accretion disk)〕,以螺旋的方式逐漸落入黑洞。

吸積盤在這段期間會產生什麼變化,讓我們在下一單元再進一步觀察。

黑洞利用伴隨的恆星形成圓盤

圖中描繪的是黑洞從伴星上汲取氣體,於周圍形成吸積盤的情景。伴星受到黑洞的牽引而變形為淚滴般的形狀,氣體從前端不斷流失,並以高速旋轉的方式陷入黑洞當中。黑洞無法吞噬所有的氣體,因此有些「吃不完的殘渣」會以噴流的形式噴出。

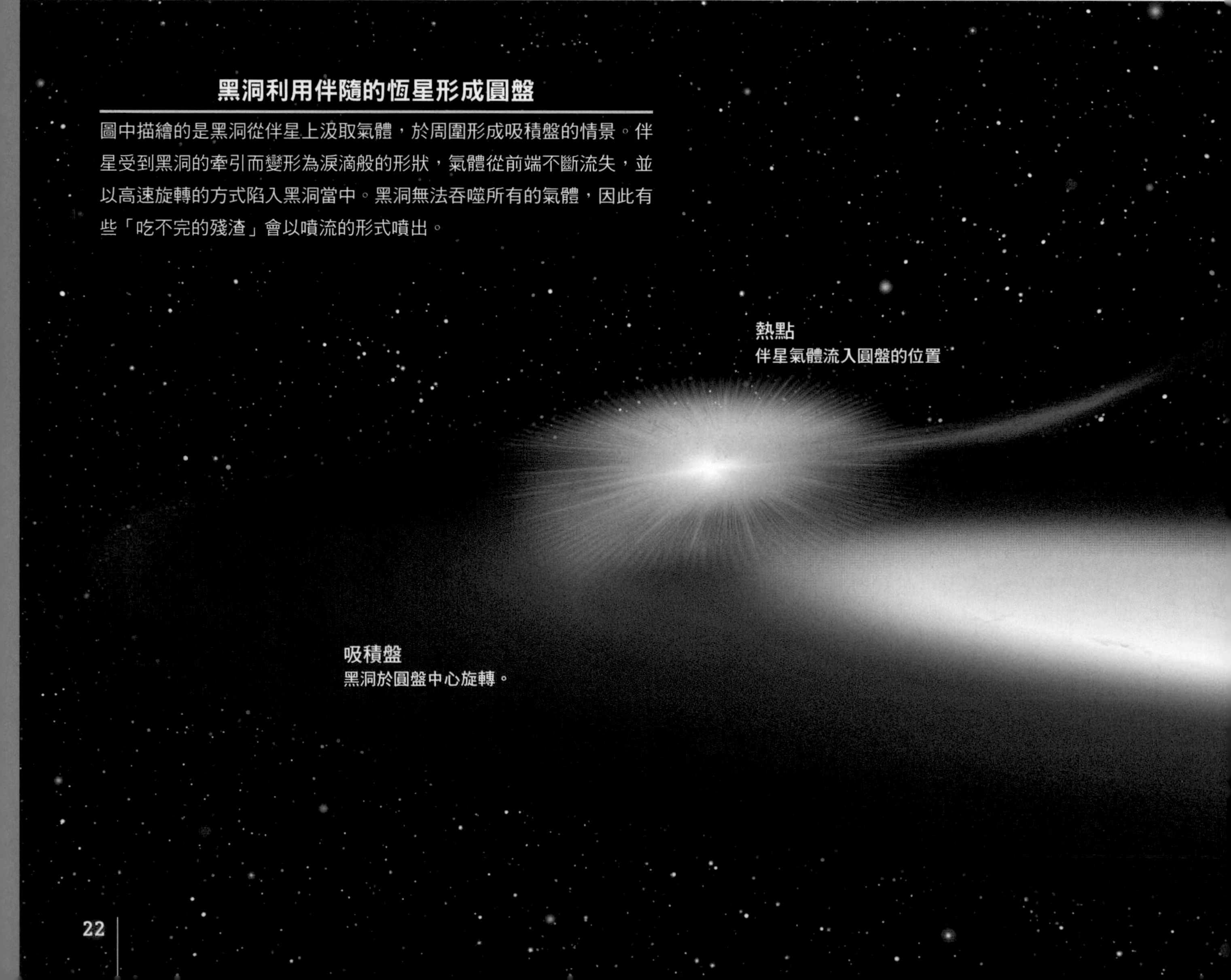

熱點
伴星氣體流入圓盤的位置

吸積盤
黑洞於圓盤中心旋轉。

噴流

伴星
變形為淚滴狀

圓盤中心的氣體溫度超過攝氏 1000萬度，並放射強烈的X射線

環 繞黑洞周圍旋轉的吸積盤，裡頭的氣體以驚人的速度持續加速。右圖所示是將第22頁到第23頁的聯星黑洞放大約2000倍的景象。假設黑洞的質量為太陽的10倍，則半徑約為30公里，這時整個圓盤的大小約有300萬公里，如果是1毫米的黑洞，那麼就相當於圓盤擴展到其方圓100公尺處，不難想像巨大的圓盤是在極小的天體周圍形成並環繞著它。

圓盤內的氣體受到摩擦而加熱，愈靠近中心，旋轉速度愈快，溫度愈高。中心附近的溫度高達攝氏數千萬度，並放射出高能量的X射線。**即將遭到黑洞吞噬的物質，應該會放射出強烈的X射線，如果能觀測到這一點，就可以得到黑洞存在的證據※。緣此人類在1971年終於透過X射線觀測發現了黑洞**。下一單元將再予介紹說明。

※：中子星也可以和恆星組成聯星，從吸積盤釋放出X射線。即使從聯星觀測到X射線，有時也可能不是黑洞。關於判斷是否存在黑洞的方法，將在第30頁介紹說明。

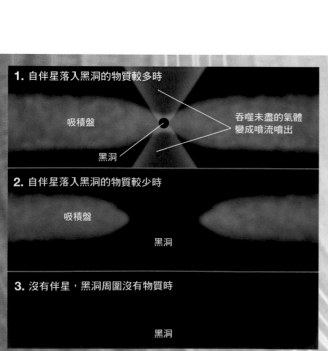

1. 自伴星落入黑洞的物質較多時

吸積盤

吞噬未盡的氣體變成噴流噴出

黑洞

2. 自伴星落入黑洞的物質較少時

吸積盤

黑洞

3. 沒有伴星，黑洞周圍沒有物質時

黑洞

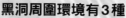

黑洞周圍環境有3種

如左圖所示，黑洞周圍的環境大致可以分為3種。須注意，圖示黑洞描繪得比實際要誇大許多。在第1種情況下，可以觀測到噴流和從圓盤發出的X射線；在第2種情況下，可以觀測到從圓盤發出的X射線；第3種情況則由於本身不會發光，只吸收周圍的光，因此相當難觀測。

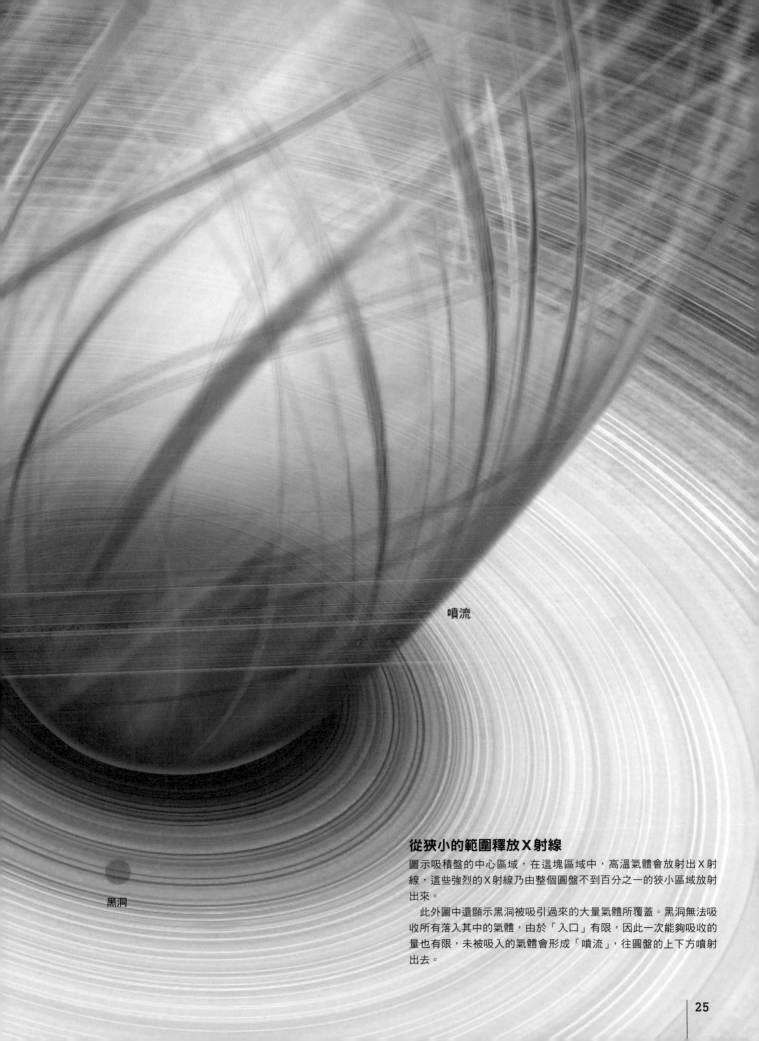

噴流

黑洞

從狹小的範圍釋放X射線

圖示吸積盤的中心區域，在這塊區域中，高溫氣體會放射出X射線，這些強烈的X射線乃由整個圓盤不到百分之一的狹小區域放射出來。

此外圖中還顯示黑洞被吸引過來的大量氣體所覆蓋。黑洞無法吸收所有落入其中的氣體，由於「入口」有限，因此一次能夠吸收的量也有限，未被吸入的氣體會形成「噴流」，往圓盤的上下方噴射出去。

「X射線之眼」發現了黑洞和中子星

想要捕捉來自宇宙的X射線，必須在沒有空氣的太空中觀測。可見光、紫外線、紅外線和X射線等各種光線（電磁波）都會射向地球，其中X射線會被地球的大氣層吸收，無法透過地面的天文臺進行觀測。

因此從1960年左右，人們開始在火箭上安裝X射線感應器，進行發射實驗。

當時，許多天文學家都認為這個實驗會無功而返。物質會發出與其溫度相對應的光，以太陽為例，其表面溫度約攝氏6000度，主要發出可見光，若要發出強烈的X射線，需要高於攝氏1000萬度的高溫。當時已知的星體，表面溫度最高也不過攝氏幾萬度，因此天文學家均認為不可能存在表面溫度高達攝氏1000萬度的天體。

然而，選擇發射火箭的科學家是正確的。**1962年，在天蠍座的方向發現了第一個X射線天體，這個名為「天蠍座X-1」的天體，是由中子星和恆星組成的聯星；相較於其他的X射線天體，天蠍座X-1離地球很近，落在地球上的X射線約有3成都來自於它。**

「蟹狀星雲脈衝星」（crab pulsar）是1969年於「超新星殘骸」的內部發現的第一顆中子星，這項發現證明了超新星爆炸的時候會形成中子星。

在這些X射線天體剛被發現時，俄羅斯天文學家澤爾多維奇（Yakov Zeldovich，1914～1987）等人提出這樣的觀點：黑洞或許也能透過X射線觀測到。**最終發現距離太陽約6000光年的「天鵝座X-1」，天鵝座X-1位於與太陽系相同的銀河系「獵戶臂」中。**1962年發現這個天體後，1971年經由X射線天文衛星「烏呼魯」（Uhuru）的詳細觀測，得到結論，認為它是黑洞和正被汲取氣體的伴星。

全天際X射線影像
下圖所示是由全天際X射線監視裝置「MAXI」（Monitor of All-sky X-ray image）所攝得的全天際X射線影像。MAXI這個裝置乃安裝在國際太空站日本「希望號」實驗艙的艙外平台上。這張捕捉到大約180個X射線天體的影像，是使用2009年8月15日至2009年10月29日約兩個月的觀測資料製作而成。

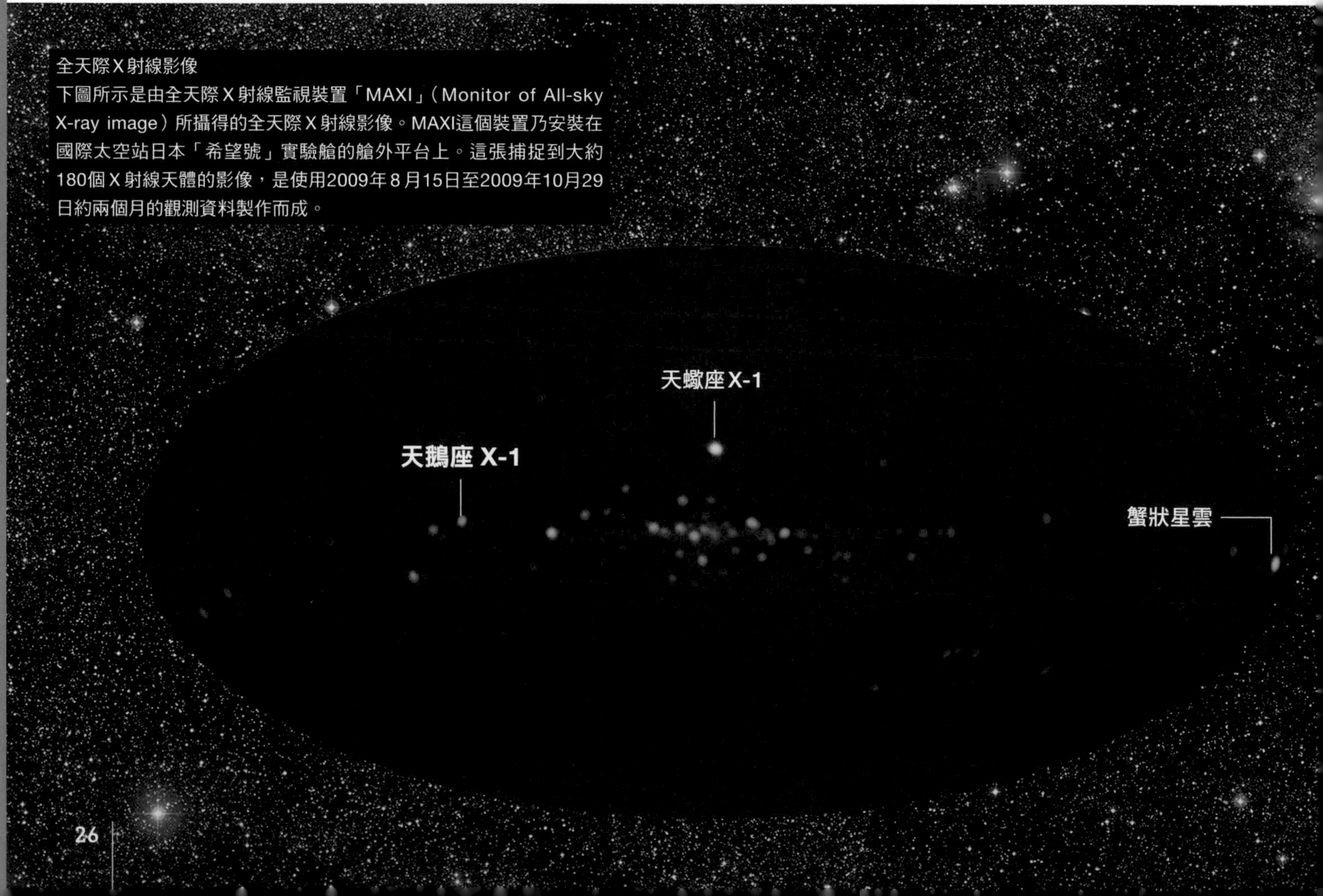

天蠍座 X-1

天鵝座 X-1

蟹狀星雲

天鵝座 X-1

左側影像是NASA的錢德拉X射線天文衛星所拍攝的天鵝座X-1，該區域在可見光的觀察下就像是無數星星閃耀的區域（橫跨兩頁的影像），但是以X射線來觀測，只有天鵝座X-1在微微發光。經過詳細觀測，得知天鵝座X-1與超巨星「HDE226868」（左向箭頭所指的星體）構成聯星。

天鵝座 η 星

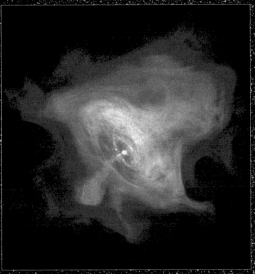

蟹狀星雲脈衝星

右側影像是透過錢德拉的X射線觀測蟹狀星雲內部的「蟹狀星雲脈衝星」。位於中央的白點是中子星，一般認為中子星周圍的氣體雲是高速運動的電子。

此外，「脈衝星」這個名字代表它是一顆「閃爍的星體」。蟹狀星雲的中子星每秒自轉約30次，這種情況可以從中子星朝固定方向發射的電波定期穿過觀測裝置，從而造成閃爍的現象看出來，這種特性證實蟹狀星雲脈衝星是一顆中子星。

開創黑洞觀測的 X射線天文衛星

長年以來，人們都是透過肉眼可見的「可見光」來進行天文觀測，然而除了可見光之外，宇宙中還會傳來各式各樣的電磁波。到了20世紀中期，望遠鏡也隨著火箭技術的發展，而能夠捕捉到可見光以外的電磁波，使我們得以看見黑洞和無線電波天體等全新的宇宙形貌。

電磁波按照波長，由長到短分為無線電波、紅外線、可見光、紫外線、X射線和γ射線。電磁波以各種不同的機制產生，其中最典型的就是物體具有溫度時所發出的「熱輻射」（thermal radiation）。

熱輻射的特性在於物體溫度愈高，放射出波長較短的電磁波愈多。舉例來說，攝氏負270度（絕對溫度為數K）這類極低溫的物質，主要放射的是無線電波。我們生活周遭約攝氏2000度以下的物質主要放射紅外線；約攝氏1萬度以下主要放射可見光；攝氏數萬到數十萬度主要放射紫外線；超過攝氏100萬度的物質則是放射出X射線和γ射線。

此外，宇宙中也有一些天體和物理現象會放射出熱輻射以外的電磁波。一般而言，與高能量相關的現象，會放射出波長較短的電磁波。因此，我們必須根據欲觀察的天文現象來改變觀測所用的波長。

對於黑洞的聯星或擁有巨大黑洞的「活躍星系」，由於會發生能量極高的天文現象，因此使用X射線進行觀測十分有效；另外，對於含有大量塵埃而無法靠可見光觀測的區域，可以透過紅外線進行觀測。

然而，地面上能夠觀測到的電磁波，主要限於可見光和無線電波，其他電磁波會遭致地球大氣層吸收和反射，幾乎無法到達地面，因此必須將望遠鏡發射到太空中來進行觀測。

全球首座X射線天文衛星為1970年發射的「烏呼魯」（第32頁）。目前仍在太空服役的望遠鏡包括NASA（美國國家航空暨太空總署）的「Chandra」（1999年～）及「NuSTAR」（2012年～）、ESA（歐洲太空總署）的「XMM Newton」（1999年～）等；此外，日本的X射線觀測衛星「XRISM」也於2023年9月7日發射。

（撰文：中野太郎）

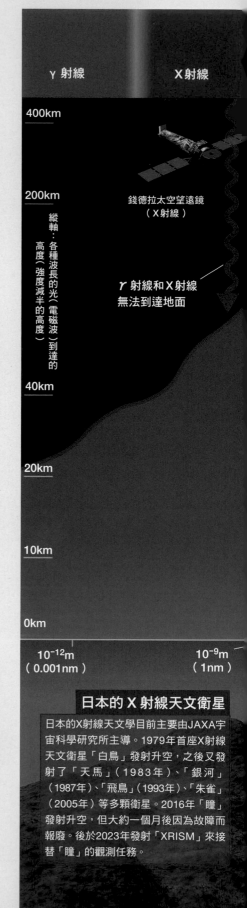

γ 射線　　　　　X射線

400km

縱軸：各種波長的光（電磁波）到達的高度（強度減半的高度）

200km

錢德拉太空望遠鏡（X射線）

γ 射線和X射線無法到達地面

40km

20km

10km

0km

10^{-12}m （0.001nm）　　　　10^{-9}m （1nm）

日本的 X 射線天文衛星

日本的X射線天文學目前主要由JAXA宇宙科學研究所主導。1979年首座X射線天文衛星「白鳥」發射升空，之後又發射了「天馬」（1983年）、「銀河」（1987年）、「飛鳥」（1993年）、「朱雀」（2005年）等多顆衛星。2016年「瞳」發射升空，但大約一個月後因為故障而報廢。後於2023年發射「XRISM」來接替「瞳」的觀測任務。

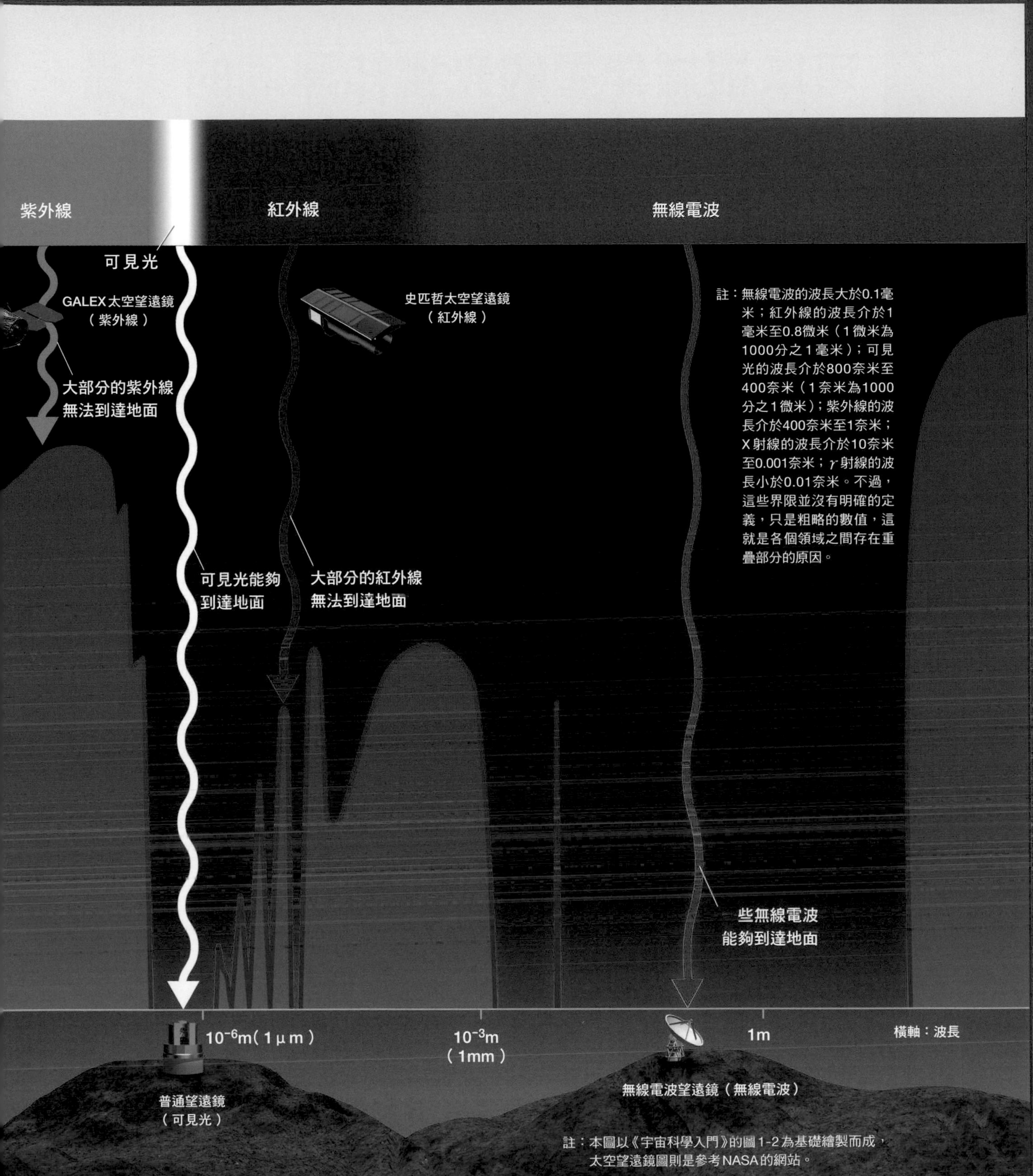

紫外線　　　　　　　　　　　紅外線　　　　　　　　　無線電波

可見光

GALEX 太空望遠鏡
（紫外線）

史匹哲太空望遠鏡
（紅外線）

大部分的紫外線
無法到達地面

可見光能夠
到達地面

大部分的紅外線
無法到達地面

註：無線電波的波長大於0.1毫
米；紅外線的波長介於1
毫米至0.8微米（1微米為
1000分之1毫米）；可見
光的波長介於800奈米至
400奈米（1奈米為1000
分之1微米）；紫外線的波
長介於400奈米至1奈米；
X射線的波長介於10奈米
至0.001奈米；γ射線的波
長小於0.01奈米。不過，
這些界限並沒有明確的定
義，只是粗略的數值，這
就是各個領域之間存在重
疊部分的原因。

些無線電波
能夠到達地面

10^{-6}m（1μm）　　　　　　　10^{-3}m
　　　　　　　　　　　　　　（1mm）　　　　　　　　　　1m　　　　橫軸：波長

普通望遠鏡
（可見光）

無線電波望遠鏡（無線電波）

註：本圖以《宇宙科學入門》的圖1-2為基礎繪製而成，
太空望遠鏡圖則是參考NASA的網站。

地面上主要可以觀測到可見光和無線電波

圖中顯示每種波長的電磁波能夠到達的位置，並附有觀測每種波長電磁波的主
要望遠鏡（括號內為觀測的電磁波）。地面上可觀測到的電磁波，主要為可見光
和無線電波，不過有些波長接近可見光的紅外線和紫外線也能在地面上觀測
到。此外，波長超過數十公尺的無線電波會在高空的電離層反射回去。

可以根據伴星的光獲知黑洞的質量

不僅形成聯星的黑洞，就連形成聯星的中子星也會形成吸積盤並放射出 X 射線。那麼，我們要如何區分黑洞和中子星呢？

形成聯星的黑洞和形成聯星的中子星，兩者放射出的光有所不同。對於形成聯星的黑洞，光是從周圍的圓盤內發出，並非從黑洞本身發出；反之，形成聯星的中子星，周圍的圓盤和中子星本身都會發光。因此，我們可以透過比較光的成分（光譜），來區分黑洞和中子星。

「質量」就是最可靠的證據。中子星的質量限制在太陽質量的 3 倍以下（參照第18頁～第19頁）。如果發現的 X 射線天體具有超過太陽 3 倍的質量，那麼這顆恆星就只能是黑洞，沒有其他的可能性。

話說回來，我們要如何測量 X 射線天體的質量呢？其實只需要檢測伴星發出的光即可。首先，根據伴星的亮度和波長變化，就能得知「伴星的質量和軌道運動」（1），將這些值代入基於萬有引力定律的天體力學方程式中進行計算，就能估算出該X射線天體的質量（2）。

迄今為止發現的許多黑洞候選天體，都是根據這些條件得到確認。例如，已知「天鵝座 X-1」至少具有太陽質量的10倍，因此被認為是黑洞。

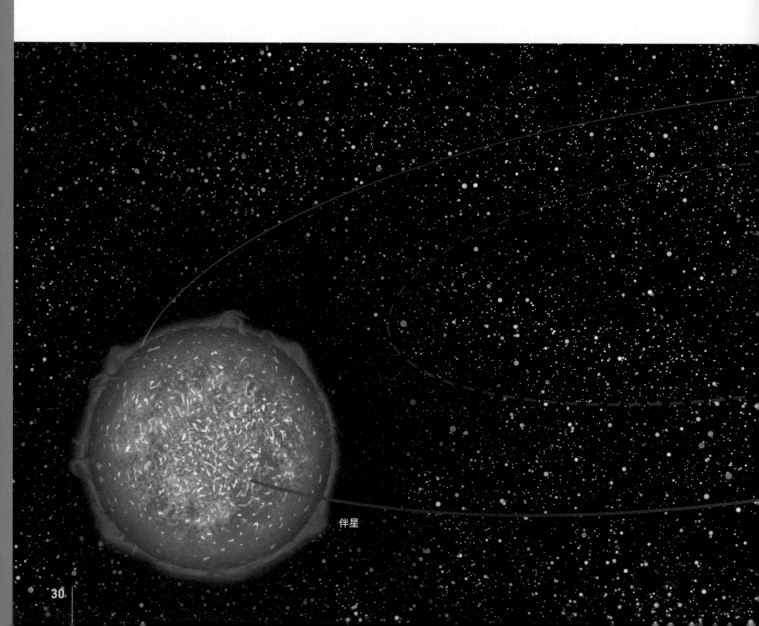

伴星

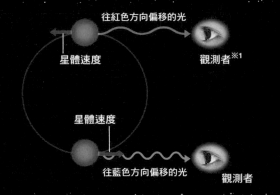

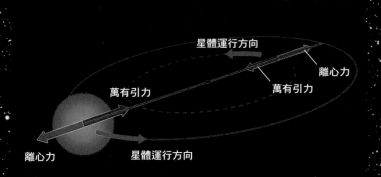

1. 從星體之光波長的變化來推測運動，從亮度來推測質量

當恆星快速公轉時，已知觀測到的顏色波長會隨著運動朝紅色或藍色的方向偏移（光的都卜勒效應）。透過測量再次變成相同顏色的時間，就能得到「公轉所需的期間」（公轉週期）；根據光朝紅色及藍色方向偏移時的波長變化幅度，即可得出伴星公轉的「速度」。

此外，星體愈明亮（絕對光度愈大），質量就愈大，因此我們可以根據亮度來推測星體的質量。

※1：這裡是假設觀測者從側面觀察伴星的旋轉。此外，根據觀察聯星的重疊程度等，可以在一定程度上推測聯星的旋轉相對於觀測者的傾斜程度。

2. 根據聯星的力平衡，計算看不見的星體質量

兩顆恆星繞著相同的重心進行公轉※2。此時，兩顆恆星之間都存在著相互吸引的「萬有引力」，以及圓周運動所產生的向外「離心力」，兩者達到平衡。萬有引力與兩顆恆星的質量相乘值成正比，與兩顆恆星的距離平方成反比；離心力與兩顆恆星的距離成正比，與公轉週期的平方成反比。因此，我們只要知道伴星的運動（質量、速度、公轉週期），即可計算得知看不見的星體之位置和質量。

※2：這裡是假設聯星的軌道為圓形。即使是橢圓軌道，也同樣可以利用萬有引力和離心力的關係進行計算。

待測質量的天體

探索普通恆星的「不尋常運動」

根據聯星其中一顆恆星的運動和質量，來推測另一顆恆星的運動和質量。就像太陽和地球一樣，當重恆星和輕恆星形成聯星時，重恆星幾乎不會移動，只有小恆星在重恆星周圍大幅運動；如果是比太陽還重的恆星大幅運動，那麼重恆星的聯星對象就會是一顆質量相近的天體。

如果大幅運動的重恆星之對象沒有像恆星一樣發光，主要是放射X射線的話，那麼對方就有可能是黑洞。此外，中子星和白矮星有著質量的極限（第18頁～第19頁），因此只要根據伴星的運動和質量來計算得知對象恆星的運動和質量，即可推測它是否為黑洞。

估算大小的方法

黑洞的另一條件是「體積要小」，這可以從亮度變化得知

即使是質量非常大的天體，如果體積不夠小，就不能稱之為黑洞。那麼我們要如何確定天體足夠小呢？

其實可以從觀測到的「亮度（光度）變化」來估算天體的大小。

假設採以下這樣極端的例子來思考，即整個發亮的氣體雲在一瞬間消失（下圖）。

即使瞬間消失，氣體雲各處與觀測衛星之間的距離也不會完全一致，較近與較遠側兩者最後所發出的光，到達衛星所需的時間也存在著差異，這就是觀測到亮

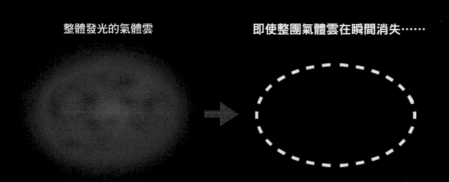

整體發光的氣體雲　　　　　即使整團氣體雲在瞬間消失……

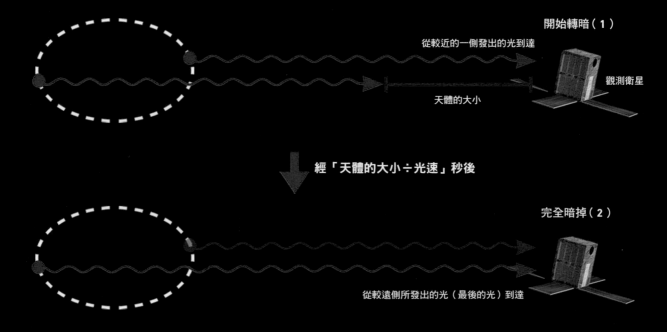

從被觀測的光開始轉暗到完全暗掉，需要一段有限的時間

開始轉暗（1）

從較近的一側發出的光到達

觀測衛星

天體的大小

經「天體的大小÷光速」秒後

完全暗掉（2）

從較遠側所發出的光（最後的光）到達

32

度變化之時間範圍；換言之，即使在一瞬間（時間範圍為0）完全變暗，只要氣體雲具有體積，就會觀測到從開始轉暗到完全暗掉有一段有限的時間（時間範圍不為0）。

　　這種亮度變化的時間範圍，是天體與觀測衛星間距離遠近端側發出之光所需的時間差異，也就是「天體的大小÷光速」，可以說這是可觀測到的亮度變化時間範圍的「最小值」，因為從天體各處所發出的光不可能同時消失或變亮。換言之，「天體大小÷光速≦亮度變化的時間範圍」這個公式可以轉換成「天體大小≦亮度變化的時間範圍×光速」，因此，**天體大小的上限可以根據亮度變化的時間範圍估算出來。**

　　以天鵝座X-1為例，根據X射線的觀測，發現其亮度會在數毫秒的短時間內急劇變化。將這個時間範圍乘以光速，可以估算出天鵝座X-1的大小上限約為數百公里。

　　太陽的大小約為140萬公里，可見擁有太陽約9倍質量的天鵝座X-1有著極高的密度。

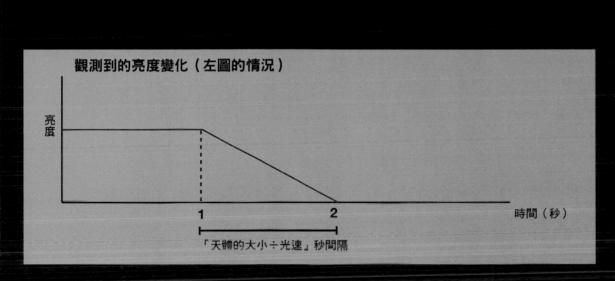

觀測到的亮度變化（左圖的情況）

亮度

時間（秒）

1　　　　2

「天體的大小÷光速」秒間隔

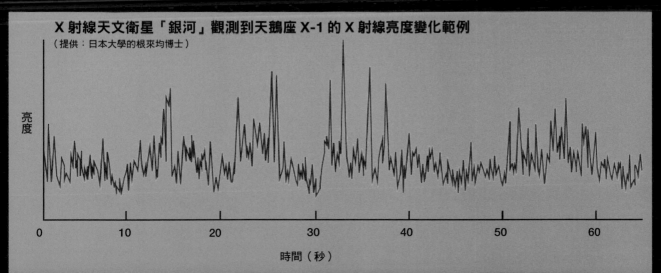

X射線天文衛星「銀河」觀測到天鵝座 X-1 的 X 射線亮度變化範例
（提供：日本大學的根來均博士）

亮度

0　　10　　20　　30　　40　　50　　60

時間（秒）

質量為太陽 8 到25倍的恆星會爆炸並留下中子星

在第19頁的最後提到,「當過重的恆星燃燒殆盡,引發重力塌縮時,就會形成黑洞。」以下我們來看看黑洞形成的詳細過程。

恆星被認為誕生自「分子雲」之中。分子雲是宇宙中稀薄星際氣體濃度較高的區域,主要由氫分子組成。一部分分子雲會受到「重力」的影響而聚集起來,不久後在變成高溫、高密度的中心點燃核融合的「火」,恆星就此誕生。核融合反應會產生巨大的熱量,這股熱量所產生的「膨脹力」會和自身的「重力(收縮力)」相互對抗,使恆星的形狀得以維持。

然而,一旦重恆星進入晚年,

重力塌縮引發的重恆星大爆炸

紅色巨星(或紅色超巨星)
這裡介紹質量超過太陽8倍的恆星晚年模樣。

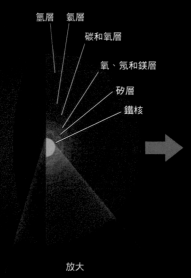

氫層
氦層
碳和氧層
氧、氖和鎂層
矽層
鐵核

放大

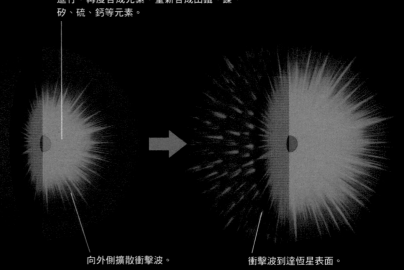

中心附近(從氧、氖、鎂層附近到內側),由於衝擊波的加熱,新的核反應會爆炸式地進行,再度合成元素,重新合成出鐵、鎳、矽、硫、鈣等元素。

向外側擴散衝擊波。

衝擊波到達恆星表面。

鐵核的重力塌縮

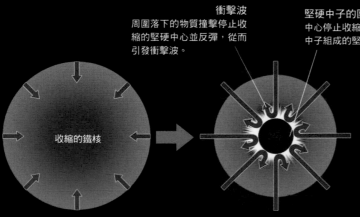

衝擊波
周圍落下的物質撞擊停止收縮的堅硬中心並反彈,從而引發衝擊波。

堅硬中子的團塊
中心停止收縮,形成主要由中子組成的堅硬團塊。

收縮的鐵核

電子
質子

電微中子
中子

質子吸收電子
(電子捕獲)

中子增加的機制
重力塌縮帶來的高壓,導致中心鐵原子周圍的電子「被壓縮」到原子核中。質子吸收電子,轉換成中子和電微中子,此稱為「電子捕獲」。這個過程不斷發生,使得恆星的中心變成了純中子。

開始形成重鐵，核融合反應就會結束。由於鐵是最穩定的原子核，因此基本上不會在恆星內部引發核融合反應。

當核融合的燃料耗盡時，鐵就會在中心積聚形成鐵核。鐵核一旦無法承受自身的重力，便會開始急劇收縮（重力塌縮）。

中心很快地達到收縮的極限，形成堅硬的團塊，接著受到周圍猛烈落下的物質撞擊，產生衝擊波。這股衝擊波到達恆星的表面時，整顆恆星就會發生大爆炸，這就是「超新星爆炸」。

超新星爆炸的光芒超乎想像。單單一顆恆星的爆炸，發出的光芒竟然可以媲美由1000億顆恆星組成的整個星系。

鐵核在重力塌縮時形成的堅硬團塊，其實是由中子填充而成（參照左頁下圖）。當恆星質量介於太陽質量的8～25倍時，通常會在重力塌縮引發超新星爆炸後，留下由中子組成的團塊，也就是「中子星」。

但是，一旦恆星質量超過太陽質量的25倍，即使是由中子組成的團塊，也會超過極限質量（第19頁），最終變成「黑洞」。

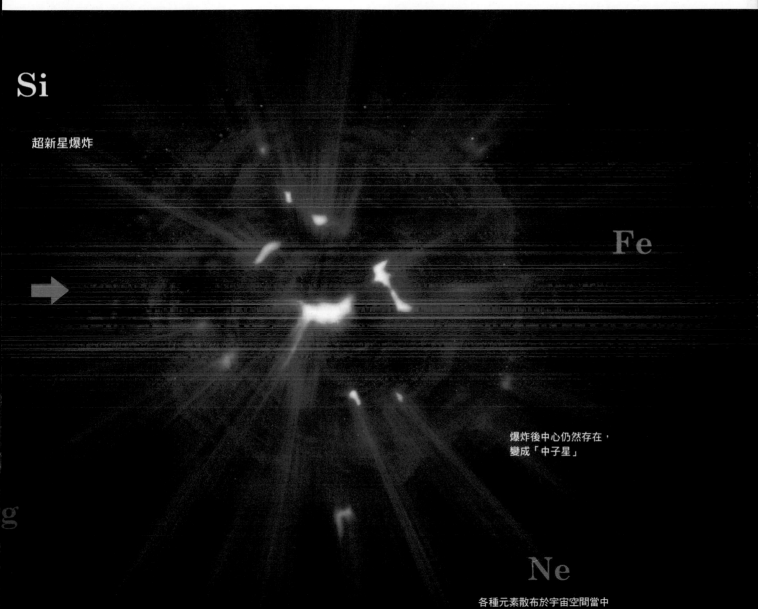

Si

超新星爆炸

Fe

爆炸後中心仍然存在，
變成「中子星」

g

Ne

各種元素散布於宇宙空間當中

質量超過太陽40倍的恆星會形成黑洞，成為極超新星

1998年，ESO（歐洲南天天文臺）發現特殊的超新星，亮度比太陽質量8～40倍的恆星所引發的超新星爆炸還要亮10倍。

這種特殊的超新星爆炸稱為「極超新星」（hypernova），人們認為這是由黑洞引起的。

為什麼本應吸收物質的黑洞會將物質噴出而引發爆炸呢？

一般認為，極超新星是恆星內部形成的黑洞劇烈旋轉所產生的。**旋轉的黑洞會捲起恆星物質，在周圍形成一個圓盤。接著，快速旋轉的物質在恆星磁場作用下形成強烈的噴流向外噴出，這個噴流會突破恆星，並引發大爆炸。**

不過，當黑洞的旋轉速度不快時，恆星內部雖會噴出較弱的噴流，但大部分物質仍會遭到黑洞吞噬。這種情況下的超新星爆炸，威力比起一般的超新星爆炸還要弱，稱為「暗超新星」（faint supernova）。

對於這樣的推斷，致力於極超新星機制研究的日本東京大學野本憲一教授提出以下的看法。

野本教授認為，「發出強烈 γ 射線的『γ 射線暴』（gamma ray burst）現象，長期以來一直是個謎。近年來，我們已經發現一些極超新星產生 γ 射線暴的例子，實在難以想像黑洞以外的天體竟能產生伴隨著強勁噴流的 γ 射線暴。**當我們觀測極超新星的時候，其實正在見證黑洞的誕生**」。

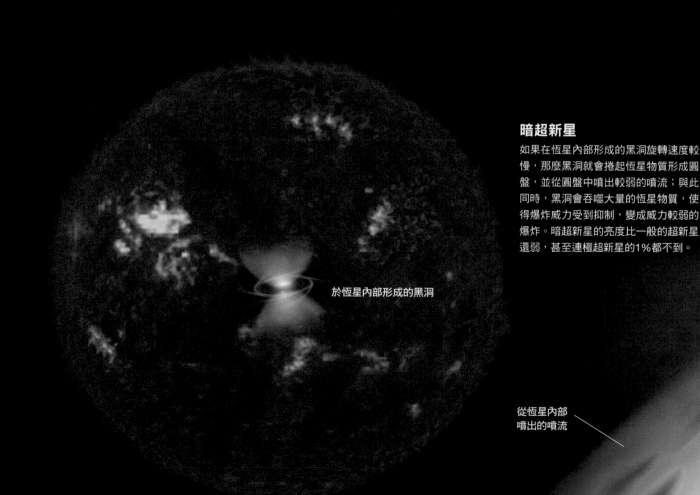

於恆星內部形成的黑洞

暗超新星

如果在恆星內部形成的黑洞旋轉速度較慢，那麼黑洞就會捲起恆星物質形成圓盤，並從圓盤中噴出較弱的噴流；與此同時，黑洞會吞噬大量的恆星物質，使得爆炸威力受到抑制，變成威力較弱的爆炸。暗超新星的亮度比一般的超新星還弱，甚至連極超新星的1%都不到。

從恆星內部
噴出的噴流

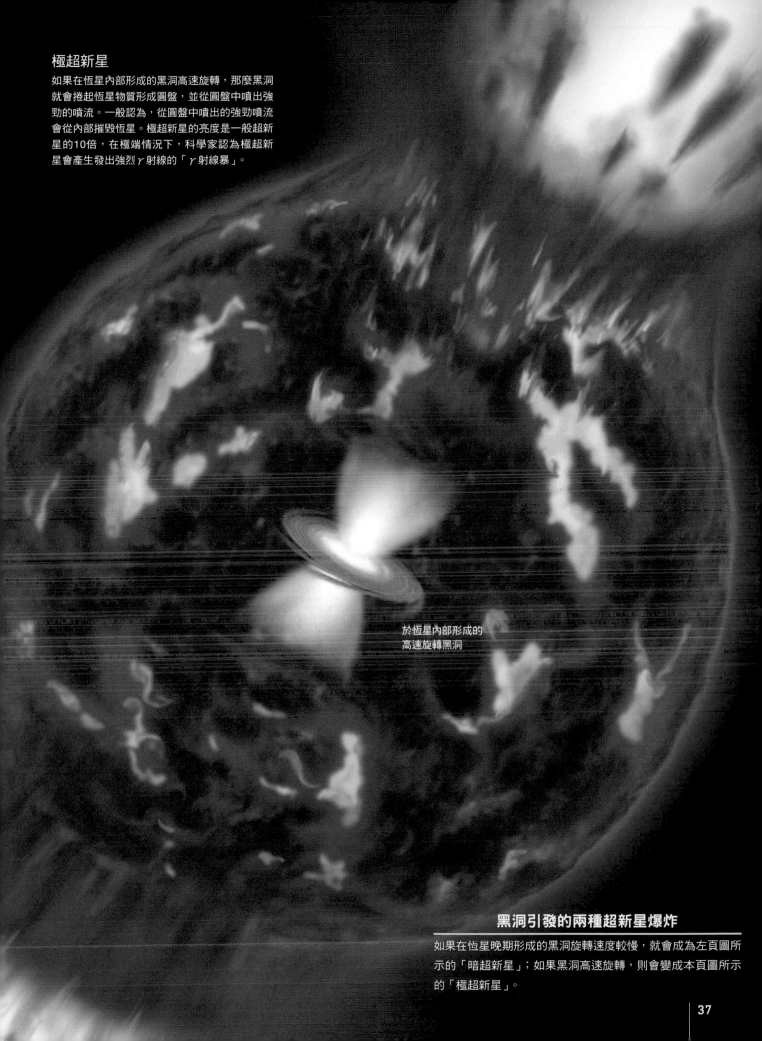

極超新星

如果在恆星內部形成的黑洞高速旋轉，那麼黑洞就會捲起恆星物質形成圓盤，並從圓盤中噴出強勁的噴流。一般認為，從圓盤中噴出的強勁噴流會從內部摧毀恆星。極超新星的亮度是一般超新星的10倍，在極端情況下，科學家認為極超新星會產生發出強烈γ射線的「γ射線暴」。

於恆星內部形成的
高速旋轉黑洞

黑洞引發的兩種超新星爆炸

如果在恆星晚期形成的黑洞旋轉速度較慢，就會成為左頁圖所示的「暗超新星」；如果黑洞高速旋轉，則會變成本頁圖所示的「極超新星」。

什麼是 γ 射線暴

19 67年，科學家發現高能量 γ 射線於短時間內從太空大量傾瀉的神秘現象。這個名為「γ 射線暴」的現象轉瞬即逝，因此長期以來一直籠罩在謎團之中，不過隨著觀測衛星的頻繁活動，其真實面貌逐漸揭曉。

根據測量到的時間長度，γ 射線暴可以分為長爆發和短爆發兩種類型。長爆發持續 2 秒以上，短爆發則大多不到 1 秒就消失了。

1997年，科學家發現長 γ 射線暴

伴隨極超新星發生的長 γ 射線暴

當質量超過太陽25倍的巨大質量恆星死亡時，其核心會成為塌縮旋轉的黑洞（圖中間的黑點）。黑洞周圍的物質呈螺旋狀落下形成吸積盤（圖中紅色漩渦），接著間歇性地噴出速度接近光速的噴流。這些間歇性噴流團塊相互碰撞，巨大能量形成射束狀的 γ 射線（長 γ 射線暴）釋放出來。之後，噴流團塊與星際氣體劇烈碰撞，此時所放射出的 X 射線、可見光等電磁波便似「餘輝」般被觀測到。

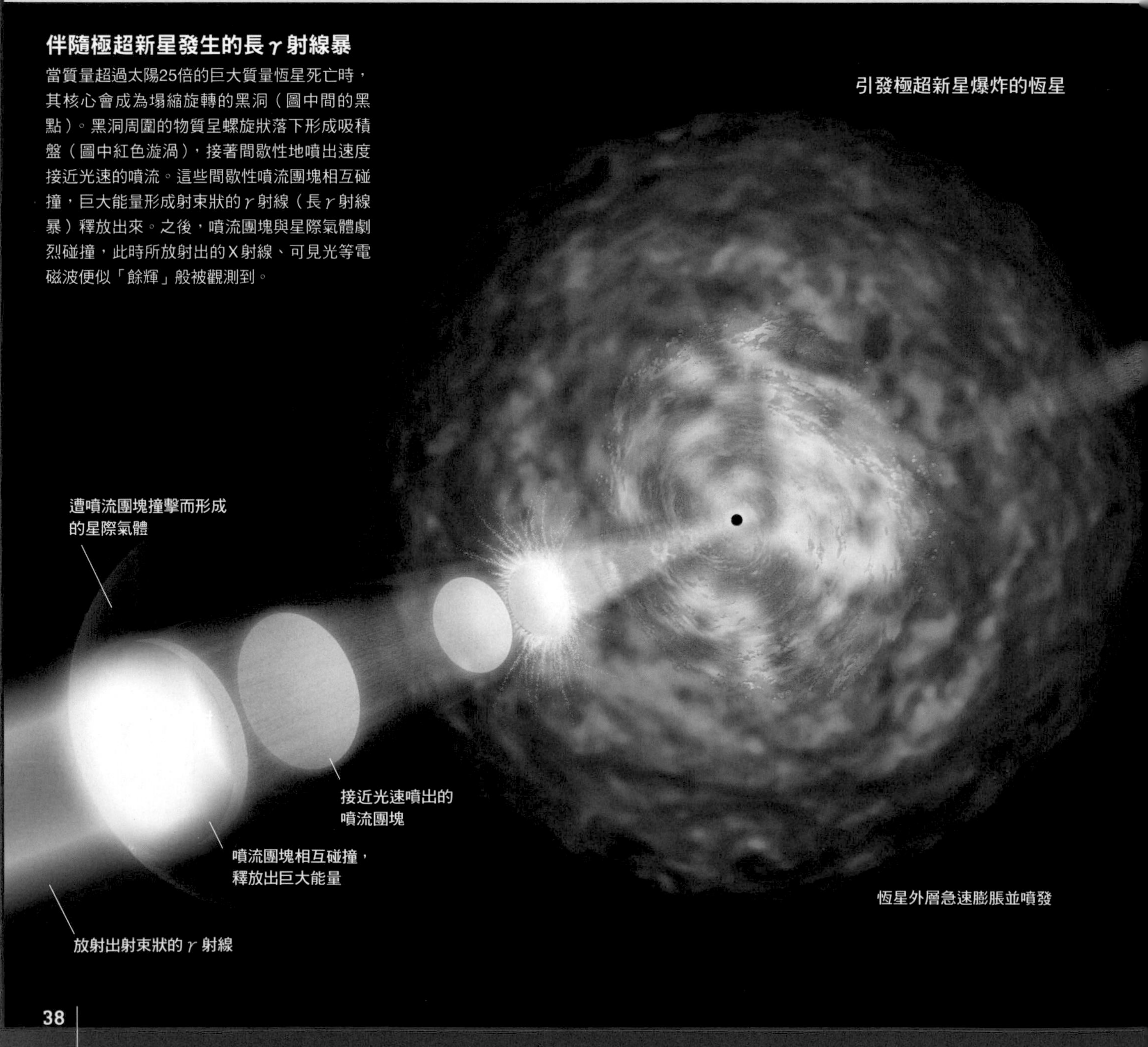

引發極超新星爆炸的恆星

遭噴流團塊撞擊而形成的星際氣體

接近光速噴出的噴流團塊

噴流團塊相互碰撞，釋放出巨大能量

放射出射束狀的 γ 射線

恆星外層急速膨脹並噴發

的來源非常遙遠，並確認原始爆炸現象的能量非常巨大。

此後，確定長γ射線暴是與超新星爆炸密切相關的現象，其能量規模比起一般的超新星爆炸大上一個量級。

目前科學家認為長γ射線暴的機制是，在極超新星爆炸的時候，猛烈噴出的噴流會間歇性地釋放出來；隨後噴出的快速團塊，猛烈撞擊先行噴出的緩慢團塊，從而釋放出大量的γ射線。長γ射線暴堪稱是巨大質量恆星在臨終之際發出的「垂死吶喊」，當極超新星的噴流對著地球方向時，就可以觀測到γ射線。

2017年同時觀測到中子星碰撞合併所引起的重力波事件和短γ射線暴，進一步證實中子星碰撞合併即為短γ射線暴的起源。

被認為是短 γ 射線暴起源的兩種理論

中子星聯星碰撞合併理論

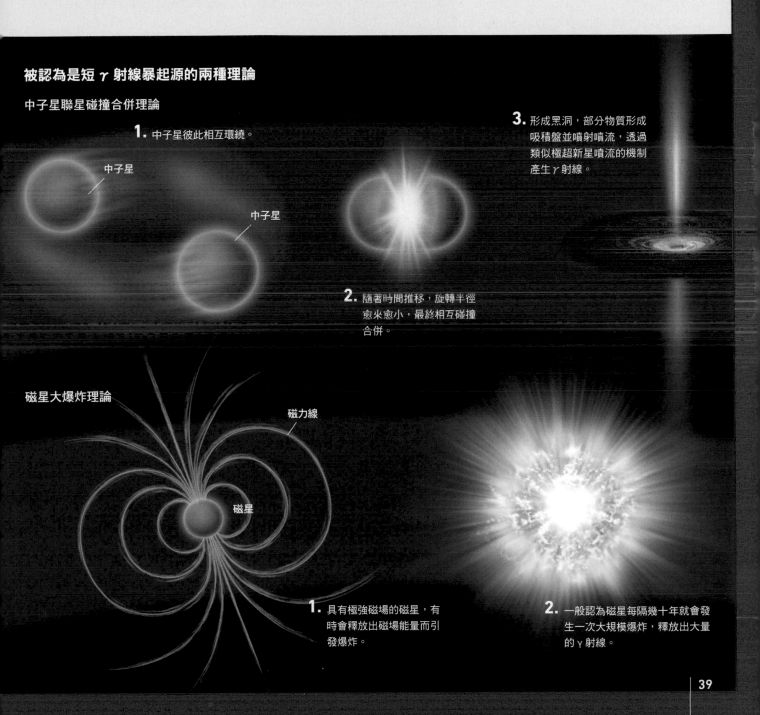

1. 中子星彼此相互環繞。

中子星

中子星

3. 形成黑洞，部分物質形成吸積盤並噴射噴流，透過類似極超新星噴流的機制產生γ射線。

2. 隨著時間推移，旋轉半徑愈來愈小，最終相互碰撞合併。

磁星大爆炸理論

磁力線

磁星

1. 具有極強磁場的磁星，有時會釋放出磁場能量而引發爆炸。

2. 一般認為磁星每隔幾十年就會發生一次大規模爆炸，釋放出大量的γ射線。

column4 恆星的一生

如 前所述，質量超過太陽8倍的恆星，在迎來生命的最後一刻會引發大爆炸。那麼其他情況下，恆星會經歷怎樣的一生呢？

恆星一生的命運取決於形成時的質量，恆星的質量愈大，其壽命就愈短。下文將檢視並探討不同質量的「恆星生涯」。

當恆星的質量小於太陽的0.08倍時，壽命將比其他恆星要來得長。它會持續慢慢收縮，亮度在數兆年的時間內逐漸變暗，這樣的恆星稱為「棕矮星」（brown dwarf）。

恆星的質量介於太陽的0.08～8倍之間，這種相對較小的恆星會在數億年到數百億年之間持續緩慢燃燒內部的元素，最後釋放恆星外側的物質，留下一顆名為「白矮星」（white dwarf）的小恆星。太陽也屬於這個類型。

如果恆星的質量介於太陽的8～25倍之間，核融合反應會比質量在0.08～8倍的情況進展更快，數千萬年內就會耗盡內部的元素，最終引發超新星爆炸，留下一顆中子星。

如果恆星的質量超過太陽的25倍，核融合反應會進行得更快，僅僅數百萬年就會結束。隨後，大量物質在重力塌縮下於中心形成黑洞，並成為極超新星或暗超新星。 🪐

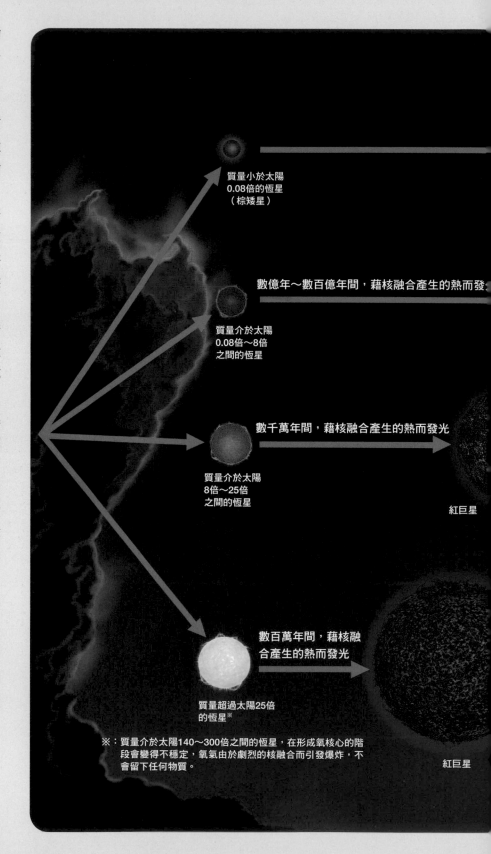

質量小於太陽
0.08倍的恆星
（棕矮星）

數億年～數百億年間，藉核融合產生的熱而發

質量介於太陽
0.08倍～8倍
之間的恆星

數千萬年間，藉核融合產生的熱而發光

質量介於太陽
8倍～25倍
之間的恆星

紅巨星

數百萬年間，藉核融合產生的熱而發光

質量超過太陽25倍
的恆星※

※：質量介於太陽140～300倍之間的恆星，在形成氧核心的階段會變得不穩定，氧氣由於劇烈的核融合而引發爆炸，不會留下任何物質。

紅巨星

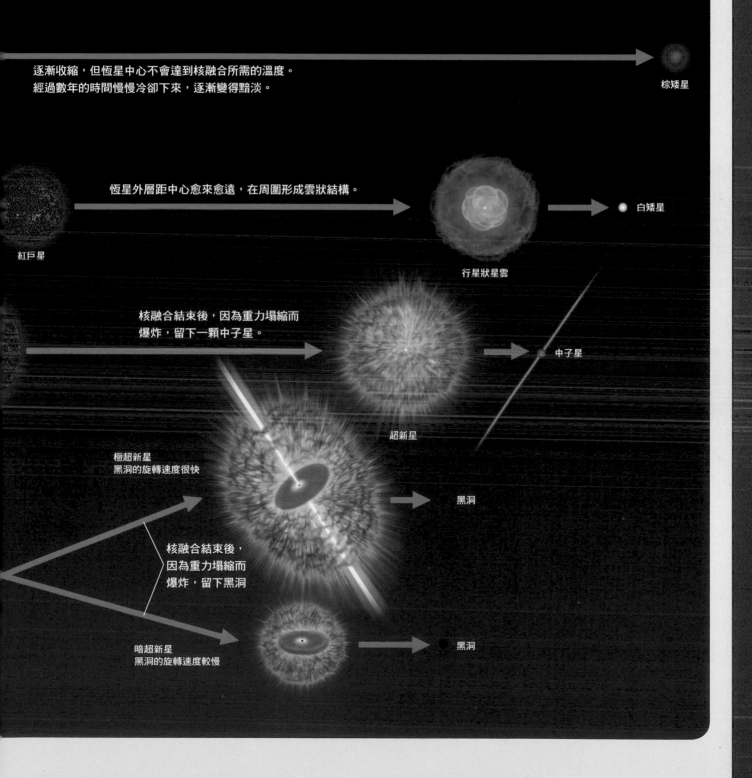

逐漸收縮，但恆星中心不會達到核融合所需的溫度。
經過數年的時間慢慢冷卻下來，逐漸變得黯淡。

棕矮星

恆星外層距中心愈來愈遠，在周圍形成雲狀結構。

紅巨星

行星狀星雲

白矮星

核融合結束後，因為重力塌縮而
爆炸，留下一顆中子星。

中子星

超新星

極超新星
黑洞的旋轉速度很快

黑洞

核融合結束後，
因為重力塌縮而
爆炸，留下黑洞

暗超新星
黑洞的旋轉速度較慢

黑洞

星系中心存在有超巨大黑洞

前面已經介紹過恆星在生命週期的最終階段形成黑洞的證據。這一些黑洞的質量大約是太陽的數倍到數十倍，稱為「恆星質量黑洞」，堪稱是典型的黑洞。

然而，**科學家認為宇宙中還存在有更重的黑洞。這些黑洞位於銀河的中心，據說質量高達太陽**的100萬至數十億倍，稱為「星系中心黑洞」、「（超）巨大黑洞」、「大質量黑洞」等。

據信宇宙中存在有超過1000億個星系。星系的形狀五花八門，包括球形、橢圓形、螺旋形，甚至不規則的形狀。我們所在的銀河系是一個帶有棒狀結構的螺旋狀星系，稱為「棒旋星系」（barred spiral galaxy）。螺旋星系的周圍存在有旋轉的星系圓盤。

據說這類星系絕大多數都存在有超巨大黑洞。那麼科學家是如何推測出這樣的存在呢？讓我們從下一單元開始詳細探討。

小型黑洞和巨大黑洞

當恆星演化到最終階段時，會發生名為「超新星爆炸」的大爆炸，進而形成質量約太陽10倍的黑洞（右頁圖）。另一方面，科學家認為大多數星系的中心都存在有黑洞（下圖），這些黑洞的質量高達太陽的100萬至10億倍，然而星系位於非常遙遠的地方，難以進行觀測。即使是我們的銀河系中心，也被濃密的氣體和塵埃所遮蔽，籠罩在神秘的面紗之中。

類星體的發現

發現釋放出星系100倍能量的神祕天體

人類從1930年代就已經提出恆星質量黑洞的理論，但直到1960年代後，才開始得到星系中心存在黑洞的啟發，這一切都要歸功於荷蘭天文學家施密特（Maarten Schmidt，1929～2022）所發現的「類星體」（quasar）。

當時，無線電波天文學的進步使人們得以對夜空中的無線電波源進行全面探查。其中有些神祕的無線電波源，在光學望遠鏡中只能看見如同恆星般的點狀，卻呈現出與恆星截然不同而奇異的光之特徵。

「3C 273」也是這類無線電波源之一。施密特博士研究3C 273的光成分（光譜），並在1963年發現可以用這個天體正高速遠離我們來解釋。宇宙正在膨脹，因此物體離得愈遠，看起來遠離的速度愈快。可以確定的是，3C 273位於非常遙遠的地方，距離我們約20億光年（銀河系直徑約20萬倍）。

儘管距離如此遙遠，但3C 273看起來依然和周圍的恆星一樣明亮閃耀。經過估算，它所釋放的能量竟然超過100個星系的能量。另一方面，釋放能量的區域連星系大小的1萬分之1都不到。

這些在極其遙遠的地方發出強烈光芒的點狀天體，以英語「準恆星狀無線電波源」（quasi-stellar radio source）的縮寫稱之為「類星體」。 類星體無疑是宇宙中最獨特的天體。

1969年，出現了用黑洞和吸積盤來解釋類星體的理論，**後來的觀測確定類星體位於星系的中心，目前則視之為中心明亮的一種活躍星系。若將較不活躍的星系也計算進來，可以認為半數的星系皆為活躍星系。**

釋放出巨大能量的類星體

圖示為位於遠方並釋放出巨大能量的類星體，有些類星體的亮度比我們的銀河系還要明亮1000倍以上。在發現類星體的時候，尚未有理論足以解釋釋放如此巨大能量的天體，因此有一段時間不清楚其真實面貌。

3C 273 左圖是美國基特峰國家天文臺的4公尺望遠鏡所拍攝的可見光影像，中央是3C 273。除了看得到噴流以外，與周圍的天體沒什麼區別。右圖是英國馬拉德天文臺以電波望遠鏡「MERLIN」拍攝的3C 273。左上方是類星體的主體，噴流朝右下方延伸出去。

星系中心的黑洞是活躍的引擎

活躍星系核
的發光原因

右 圖是目前科學家所認為的活躍星系結構。**位於中心的超巨大黑洞周圍，高溫的吸積盤正在旋轉並下沉。如同第22頁介紹與恆星形成聯星的黑洞周圍一樣，類似的結構也存在於活躍星系的中心。吸積盤中的氣體經由摩擦產生超高溫，發出耀眼的光芒。**

吸積盤的發光原理與水力發電類似。水力發電是將重力下降的能量轉換成電能；黑洞則是將重力下降的能量透過摩擦轉換為熱能，最終轉換成光能。

科學家認為，吸積盤的外側可能還有一個由氣體和塵埃組成，名為「氣體環」（gas torus）的甜甜圈狀圓盤，氣體環尚未透過觀測得到確認。這個概念是為了解釋某些類型的活躍星系之間存在差異，有可能是中心發出的光芒遭氣體環遮蔽所致。

如上所述，活躍星系可以透過其中心存在巨大黑洞的見解來解釋。只是，由於我們距離其他的星系非常遙遠，加上星系中心受到厚厚的塵埃所遮蔽，因此想要對中心進行詳細觀測是極其困難的一件事。若要確定星系中心存在有巨大黑洞，必須要等到觀測技術取得突破的那一天。

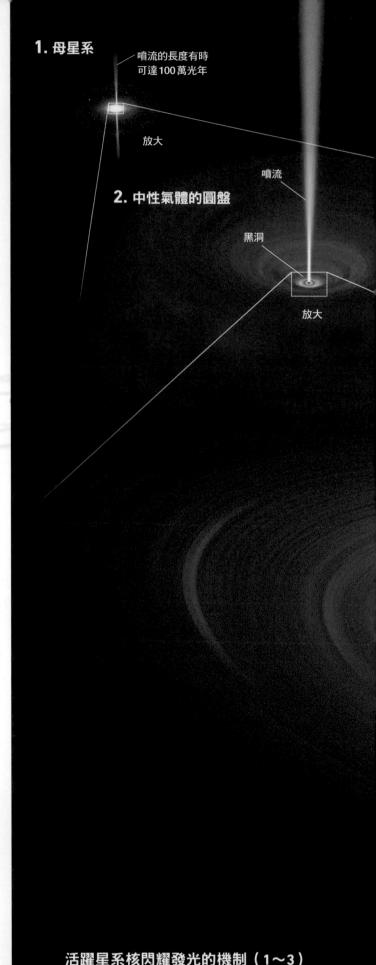

1. 母星系

噴流的長度有時可達100萬光年

放大

噴流

黑洞

2. 中性氣體的圓盤

放大

活躍星系核閃耀發光的機制（1～3）

以三種縮放比例描繪目前科學家所認為的活躍星系核結構。

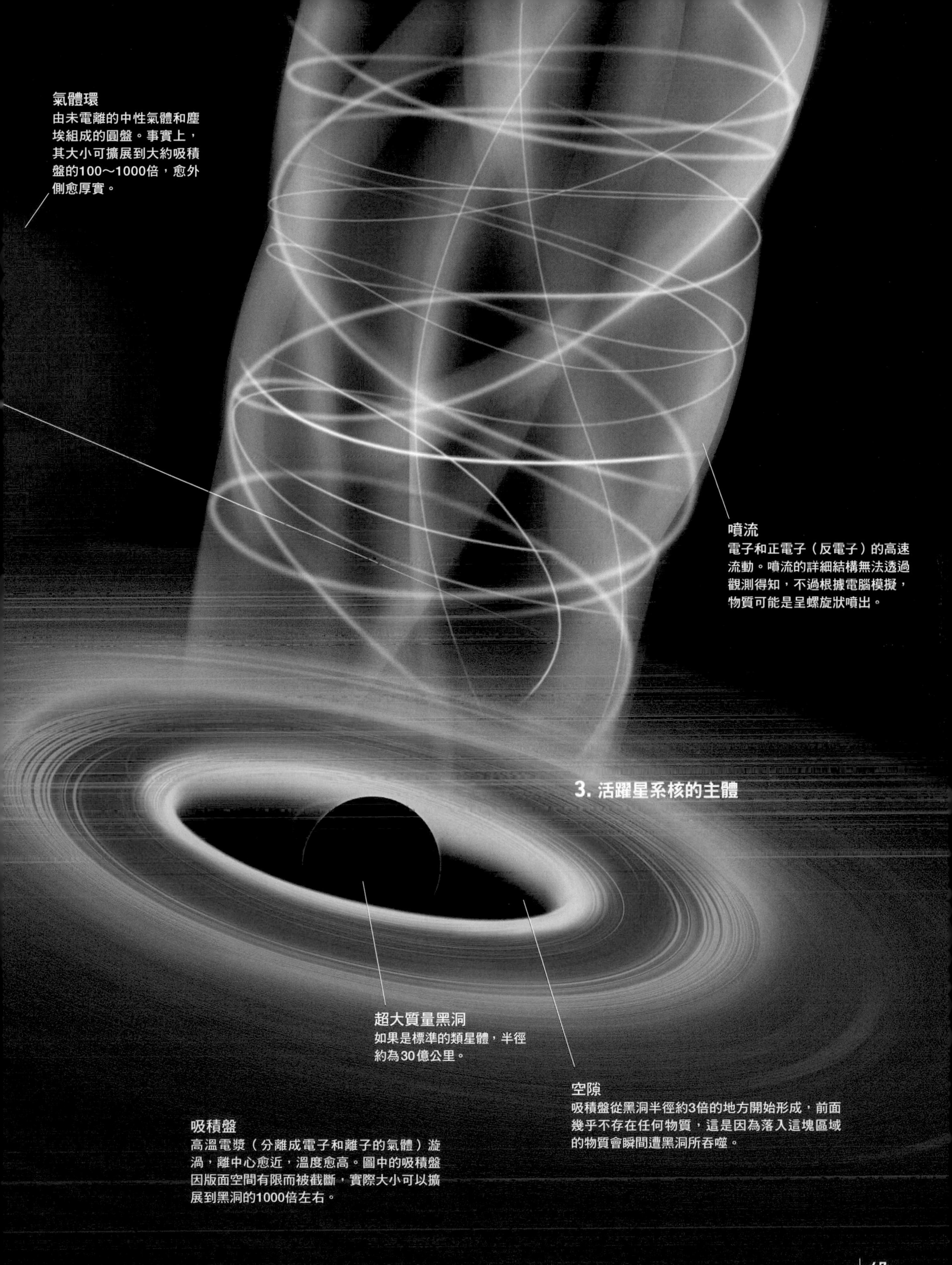

氣體環
由未電離的中性氣體和塵埃組成的圓盤。事實上，其大小可擴展到大約吸積盤的100~1000倍，愈外側愈厚實。

噴流
電子和正電子（反電子）的高速流動。噴流的詳細結構無法透過觀測得知，不過根據電腦模擬，物質可能是呈螺旋狀噴出。

3. 活躍星系核的主體

超大質量黑洞
如果是標準的類星體，半徑約為30億公里。

空隙
吸積盤從黑洞半徑約3倍的地方開始形成，前面幾乎不存在任何物質，這是因為落入這塊區域的物質會瞬間遭黑洞所吞噬。

吸積盤
高溫電漿（分離成電子和離子的氣體）漩渦，離中心愈近，溫度愈高。圖中的吸積盤因版面空間有限而被截斷，實際大小可以擴展到黑洞的1000倍左右。

透過無線電波觀測而捕捉到巨大黑洞最確鑿的證據

想 要確認星系中心的巨大黑洞，必須詳細了解星系中心的質量。如果像恆星質量黑洞一樣，在狹窄區域內存在有巨大質量的話，那麼就極有可能是黑洞。

1984年，德國的無線電波望遠鏡觀測到「M106」（NGC4258）中心發射出非常強烈的無線電波，這是個距離地球2300萬光年，位於獵犬座方向的螺旋星系。

隨後，科學家利用日本國立天文臺野邊山無線電波觀測所的45公尺無線電波望遠鏡，以及美國的超長基線無線電波干涉儀（VLBI）對M106進行詳細觀測，發現中心附近有個氣體圓盤（吸積盤，右圖），形狀就像帶著中空錢孔的硬幣。

進一步研究氣體圓盤後發現，硬幣中心的孔洞半徑約為0.4光年，且氣體圓盤正以每小時390萬公里的驚人速度旋轉。根據計算，這個星系中心的0.3光年範圍內，必須擁有約3900萬倍的太陽質量才能解釋這個現象。

如此狹小的區域內，不可能塞得下相當於太陽質量3900萬倍的恆星或星團；換言之，除了黑洞之外，想不出還有什麼其他的可能。於是，人們在1995年首次發現星系中心有巨大黑洞存在的確鑿證據[※]。

※：在稍早的1994年，經過哈伯太空望遠鏡的觀測，得到「M87」星系中心有巨大黑洞存在的有力證據，然而計算出來的M87密度也可以用高密度星團來解釋。哈伯太空望遠鏡的成果將在下一單元介紹。

M106中心想像圖。根據觀測得知，此處存在有內、外徑分別為0.4與0.8光年的氣體圓盤。其旋轉速度內徑約為每秒1000公里，外徑則約每秒780公里。結果證實中心存在有相當於太陽質量3900萬倍的巨大黑洞。

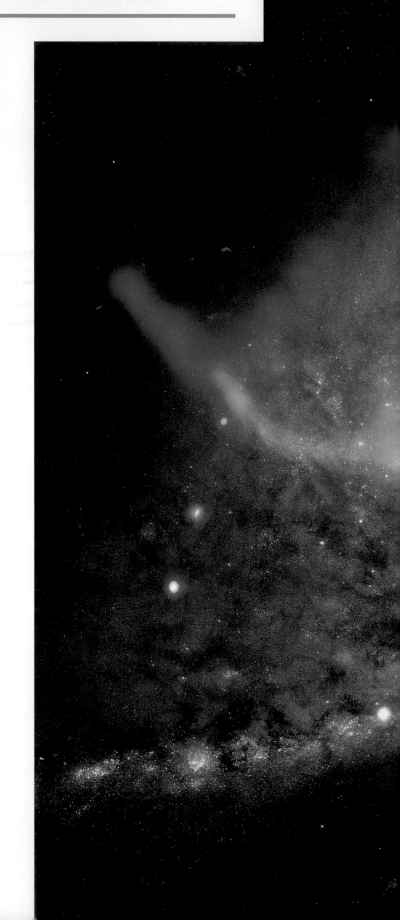

M106（NGC4258）

距離地球約2300萬光年的螺旋星系。這張影像是由可見光（黃色、藍色：哈伯望遠鏡）、X射線（藍色：錢德拉太空望遠鏡）、紅外線（紅色：史匹哲太空望遠鏡）和無線電波〔紫色：美國的卡爾央斯基（Karl Jansky）超大型干涉無線電波望遠鏡陣列〕的觀測結果合成製作而得。

從中心噴出的噴流（紫色）與周圍的氣體發生碰撞，將氣體加熱到數百萬度的高溫，並釋出X射線（藍色）。此外，紅色的紅外線是從星系中溫暖的塵埃釋放出來，致使恆星形成。

哈伯太空望遠鏡捕捉到許多黑洞的證據

1990年發射的「哈伯太空望遠鏡」可以從太空進行觀測，不像在地面觀測會受到大氣層的干擾，能夠取得高太空解析度的影像。在那之後，人們開始陸續捕捉到黑洞候選天體周圍結構的詳細影像。

哈伯太空望遠鏡也針對星系中心黑洞的質量進行測量。這座望遠鏡配備了能夠取得光譜並測量天體和氣體視線方向速度的裝置，根據視線速度，就能估算中心天體的質量。人們使用這種方法，得以對許多星系的中心進行探查。

後來在1994年，科學家計算出名為「M87」的橢圓星系中心高速旋轉的氣體質量，得知在M87中心60光年的範圍內，存在有太陽24億倍的質量。每立方秒差距※的密度，是太陽質量的100萬倍，這成為巨大黑洞的第一個有力證據。 之後透過事件視界望遠鏡（Event Horizon Telescope，EHT）的直接觀測，估計目前M87的質量大約為太陽質量的65億倍。

此後，哈伯太空望遠鏡捕捉到許多巨大黑洞的候選，並根據這些觀測結果，將星系和巨大黑洞之間的緊密相關性予以揭示。這些將在下一單元介紹。

※：秒差距（pc）是表示天體距離的單位，1秒差距約為3.26光年。

NGC4261

位於室女座星系團中的橢圓星系，距離地球4500萬光年。左邊是可見光和無線電波的合成影像，可以看見分別自星系上下噴出的噴流，右邊的影像是哈伯太空望遠鏡所拍攝的星系內部圓盤狀結構。

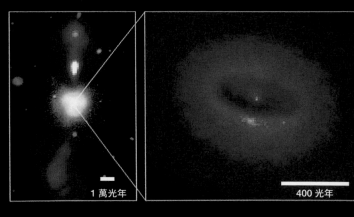

1 萬光年

400 光年

M87

哈伯太空望遠鏡所拍攝的M87中心。右下的影像可以看見從中心噴出的噴流，左下的影像是將中心進一步放大。根據紅圈和藍圈部分的氣體速度差異，計算出中心的密度為每立方秒差距約太陽質量的100萬倍。

各種類星體的母星系 哈伯太空望遠鏡所拍攝。

相距 14 億光年　　　　　　　　相距 30 億光年

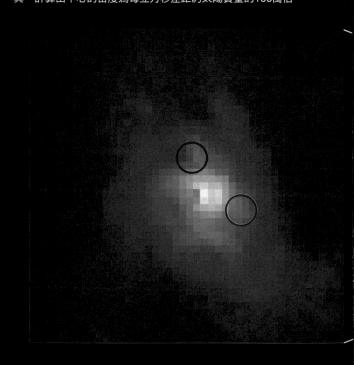

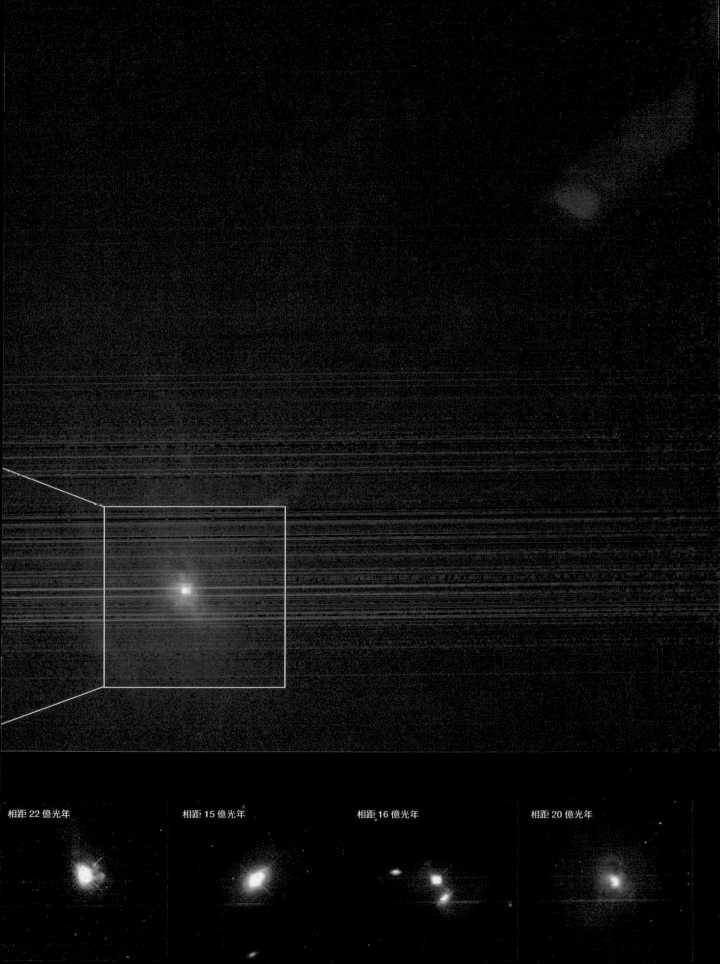

相距 22 億光年　　　相距 15 億光年　　　相距 16 億光年　　　相距 20 億光年

星系的核球愈重，中心的黑洞就愈重

了解各種星系巨大黑洞的質量，就能開始研究巨大黑洞與星系質量之間的關係。在2000年代初期，人們已經非常確定星系的「核球」（bulge）與巨大黑洞的質量之間存在著比例關係。

像我們銀河系的這種螺旋星系，中心部分正在不斷膨脹，這個膨脹就叫做「核球」，是由一大群非常明亮閃耀的恆星所組成；此外，橢圓星系可以說是主要由核球組成的星系。

目前已經發現，核球的體積愈大，位於中心的巨大黑洞質量就愈大。黑洞質量約為母星系核球質量的1000分之1，即使黑洞質量改變，這個關係也不會發生太大的變化，目前這樣的關係在日本稱為「Marconi & Hunt關係」。

絕大多數的星系中心都存在巨大黑洞，核球與巨大黑洞的質量之間存在強烈的相關性，這兩個觀測事實為研究星系中心巨大黑洞的形成提供了線索。巨大黑洞並非在星系中心獨立形成，而是與星系的形成有著密切關聯，在這樣的過程中形成和演化。關於這一點，我們將在第3章詳細探討。

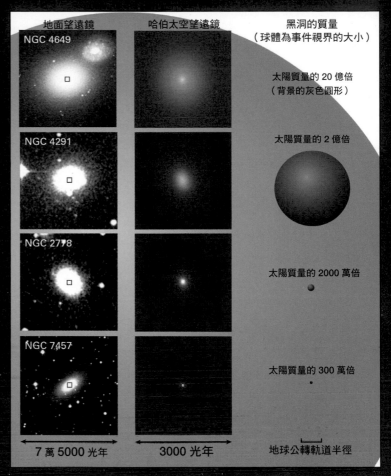

地面望遠鏡拍攝的整個星系影像,與哈伯太空望遠鏡拍攝的星系中心區域影像進行比較。人們過去就認為星系的核球與中心的黑洞質量之間存在相關性,而哈伯太空望遠鏡的觀測更確定了這個觀點。順帶一提,地球公轉軌道半徑約為1億5000萬公里,灰色球體為黑洞的事件視界(連光也無法從內部逃逸的區域)的大小。

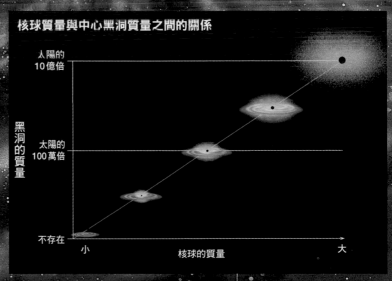

根據哈伯太空望遠鏡的觀測資料,可以看出星系的核球與中心
黑洞的大小之間存在相關性。

column5

黑洞的
相對論效應與X射線觀測

2020年的諾貝爾物理學獎頒給了三名研究人員,因為他們

透過理論和觀測證明宇宙中確實存在黑洞。距離廣義相對論的發表已

經過了100多年,黑洞的研究終於獲得諾貝爾獎的肯定,其背後的最大

MCG-6-30-15示意圖

功臣無疑是2017年透過EHT對黑洞進行的直接拍攝（第88頁）。

儘管我們人類終於來到可以直接觀測黑洞的階段，但是利用EHT以外的方法尋找「黑洞的證據」，至今仍然是天文學和宇宙物理學的重要課題。

為了尋找黑洞存在的證據，目前針對僅僅能在黑洞周圍才能觀測到的物理現象進行探索。例如，從黑洞周圍的氣體圓盤（吸積盤）中發出的光，利用其波長被拉伸的「重力紅移」（gravitational redshift）現象。

「紅移」是指天體發出的光，其波長延伸（＝朝紅端偏移）的現象。當天體遠離地球運動，或者光被宇宙膨脹拉伸的時候，就會產生紅移。然而重力紅移與這些現象不同，它只會發生在像黑洞周圍這類極其強大的重力場中，是基於廣義相對論的紅移。如果能夠觀測到重力紅移的話，將成為黑洞實際存在的有力證據。

日本的X射線觀測衛星「飛鳥」首度觀測到有可能是重力紅移的現象。飛鳥於1995年觀測半人馬座的活躍星系「MCG-6-30-15」的中心，發現了鐵原子發出的X射線波長看似變長的光譜。

這個光譜的特徵後來也被其他的X射線觀測衛星確認，但是近年來也有一種觀點認為它可能是吸積盤噴出的物質吸收X射線所產生的效應，這使得重力紅移是否是由黑洞所引發的議題持續爭論了將近30年之久。

日本於2023年發射的X射線觀測衛星「XRISM」，其性能足以更精確地觀測這些來自星系的X射線，日後有望透過研究X射線光譜的詳細特性來解決這個問題。 ✍

（撰文：中野太郎）

※：在相當接近黑洞的地方，除了重力紅移之外，還會出現因氣體圓盤高速旋轉所產生的「相對論性都卜勒效應」（relativistic doppler effect），極為明顯。

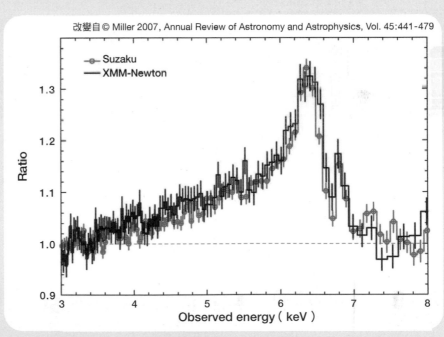

改變自 © Miller 2007, Annual Review of Astronomy and Astrophysics, Vol. 45:441-479

⊙ 光譜因重力紅移而變形？

吸積盤射出的光，其中包含鐵原子發出帶有6.4千電子伏特能量的X射線。如果黑洞存在的話，重力紅移和相對論性都卜勒效應相結合，使得光譜向左側（能量較低的一方＝波長較長的紅色一方）延伸，形成左右不對稱且帶有長尾的光譜。

這張圖為「朱雀」和「XMM-Newton」觀測到MCG-6-30-15的X射線光譜，可以看出實際上呈現左右不對稱的形狀。不過，也有一種觀點認為這樣的光譜未必是重力紅移所造成的，因此目前尚未達成定論，仍有待更精確的觀測來證實。

精密測定超巨大黑洞的質量

質量為太陽的1億4000萬倍！未來將致力於測量各種星系

棒旋星系「NGC1097」位於距離地球約4700萬光年的地方。透過ALMA望遠鏡的觀測，已精確地測定位於這個星系中心的超巨大黑洞質量，結果發表於2015年6月的《*Astrophysical Journal*》（天體物理期刊）上。測量星系中心的黑洞質量，預期將會成為解開星系和超巨大黑洞演化之謎的關鍵。

協助｜**大西響子** **泉 拓磨**
博士（理學） 日本國立天文臺ALMA計畫助理教授

宇宙中存在著許多星系，其中大部分星系的中心都擁有質量高達太陽數百萬至數百億倍的「超巨大黑洞」。

僅限於特定類型的星系才能得知其質量

超巨大黑洞在星系中心形成的原因尚不清楚，不過目前已經發現，有些星系所謂核球的中心部分質量愈大，超巨大黑洞的質量也就愈大，因此也有觀點認為，星系有可能是和位於其中心的超巨大黑洞一起成長。

超巨大黑洞的質量是了解星系和超巨大黑洞兩者關係的重要資訊，然而目前只有對大約80個超巨大黑洞進行精確的質量測定，其中大多數是所謂「橢圓星系」的類型。另外，由於「螺旋星系」和「棒旋星系」的結構較為複雜，因此目前尚未確立精準測量超巨大黑洞質量的方法。

若想計算超巨大黑洞的質量，必須要觀測黑洞周圍物質的速度。在攻讀日本總合研究大學院大學博士課程時（時值2016年），針對超巨大黑洞進行研究的大西響子指出：「目前最常用的方法是利用可見光或是紅外線來觀測星體的運動，然而使用這種方法只能夠算出分子氣

體較少的橢圓星系中超巨大黑洞的質量。」

棒旋星系「NGC1097」

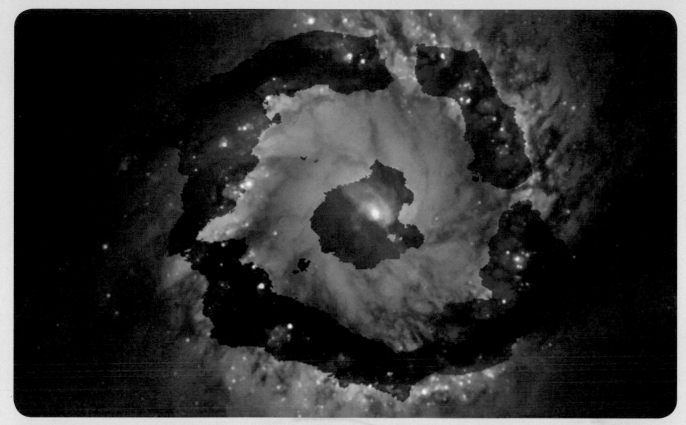

距離地球約4700萬光年，位於天爐座方向的棒旋星系NGC1097。星系中心形成的棒狀結構，全長約為6萬光年。這次觀測距離星系中心約1500光年範圍內的分子氣體運動，並計算位於中心的超巨大黑洞質量。這是將可見光影像與ALMA望遠鏡的無線電波觀測結果重疊而成的影像，紅色氣體表示朝遠離我們的方向移動，紫色氣體表示朝靠近我們的方向移動，可以一窺星系中心之分子氣體正在旋轉的情景。

使用ALMA望遠鏡觀測各種星系

然而，隨著無線電波望遠鏡的發展，人們發現除了觀測恆星之外，觀測分子氣體的運動也能夠精確測定超巨大黑洞的質量[※]。大西的研究團隊領先全球，首度嘗試將這種方法應用於棒旋星系。

研究團隊利用設置於智利阿塔卡瑪沙漠的「ALMA望遠鏡」，觀測棒旋星系「NGC1097」中心的分子氣體，並對其速度進行測量。研究結果顯示，NGC1097中心的超巨大黑洞質量為太陽質量的1億4000萬倍。這是世界上首度成功利用這種方法計算出棒旋星系超巨大黑洞的質量，這次的成果讓人們對於計算位於各種星系中心的超巨大黑洞質量燃起了一絲希望。

為了進行這次的精密測量，據說ALMA望遠鏡只有短短兩小時左右的時間可以觀測NGC1097。要計算超巨大黑洞的質量，必須精確測量周圍物質的速度，因此以往的望遠鏡都需要進行長時間的觀測。大西說道：「ALMA望遠鏡具備高靈敏度，所以能夠在短時間內檢測到足夠的分子氣體。」

為了研究星系和超巨大黑洞之間的關係，需要測量許多位於星系中心的黑洞質量。特別像矮星系這類小質量天體中的黑洞質量，這方面的研究在過去幾乎沒有進展，但是近年來也開始利用這種方法進行測量。研究標的包括被認為處於成長初期階段的小質量天體，預期將會是解開星系和黑洞成長之謎的重要關鍵。　　　　　🪐

（撰文：荒舩良孝）

※：第48頁介紹的質量測定方法，由於是使用視力極佳的望遠鏡觀測黑洞近處，因此計算出來的質量精準度極高，但因為望遠鏡的靈敏度較低，使得觀測對象僅限於無線電波非常清晰的天體。相較之下，這種方法為了觀測更大範圍而犧牲了精準度，但可以透過短時間的觀測，應用於更多的天體上。

3 銀河系也存在超巨大黑洞！

距離地球最接近的超巨大黑洞，就位於我們居住的銀河系中心。隨著觀測技術的進步，其中心區域的詳細結構已完全呈現在世人眼前，與太陽系所在之星系圓盤部分的景象完全不同。超巨大黑洞的存在及其活動的痕跡已被揭露出來。且讓我們一窺銀河系「中心」的神祕面紗。

協助　嶺重 慎／齋藤貴之／秦 和弘

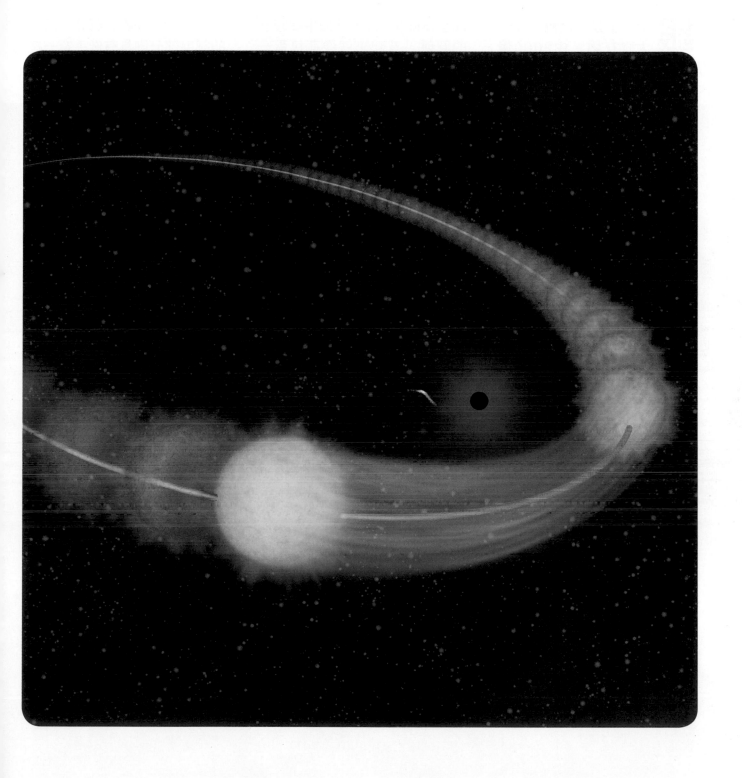

存在著數百萬個黑洞

「**銀**河系」是一個包含我們太陽在內，由2000億顆恆星組成的螺旋星系（準確來說是棒旋星系），狀似中間隆起的圓盤，看起來就像荷包蛋一樣。對應荷包蛋之蛋黃位置是稱為「核球」的膨脹部分，而薄薄的圓盤部分則具有像手臂一樣的結構。

黑洞散布於恆星之間

圖中顯示存在於太陽系周圍之黑洞候選天體的位置。在這些天體中觀測到普通恆星不具備的活躍現象。有些是光線劇烈變化，有些是噴射噴流。這些活動被認為皆與黑洞相關。

由於並未「實際看到黑洞本身」，因此才以「黑洞候選」來稱之，但科學家認為這些候選天體不可能是黑洞以外的天體，所以便認定它們就是黑洞。

圖中列出的黑洞是條件較為容易發現的例子，若將其他難以觀測的黑洞包含在內，光是銀河系就有數百萬個黑洞，一般認為這些黑洞漂流在恆星之間。

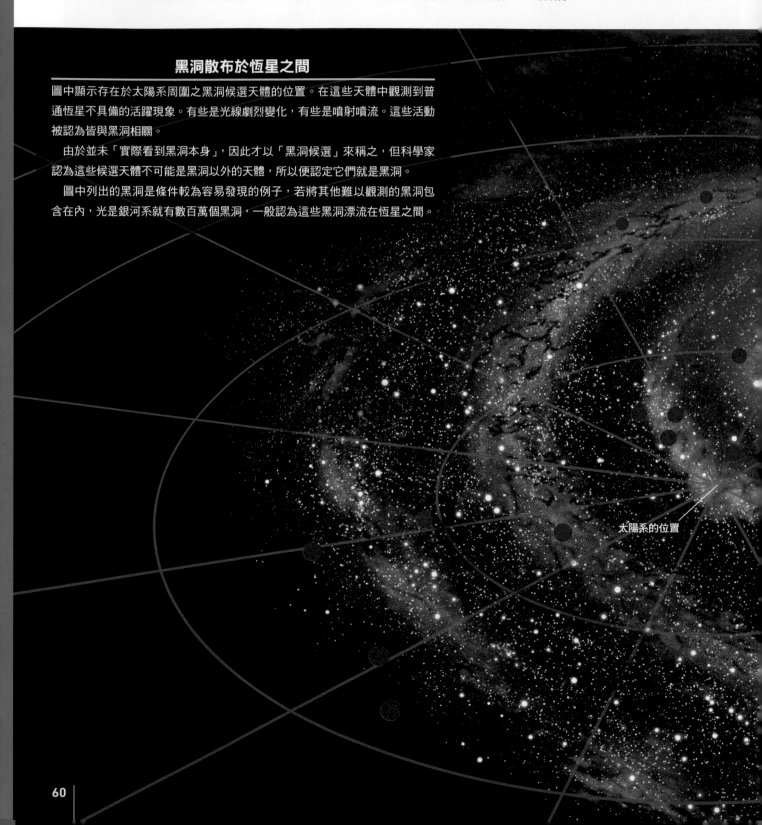

太陽系的位置

銀河系的直徑長達10萬光年。我們所在的太陽系位於距離中心2萬8000光年的位置，與銀河系中其他的恆星一樣，需要花費大約2億年的時間於銀河內繞行。

下圖是以太陽系為中心，用●來標示銀河系內部可能存在黑洞的位置。若包括其他難以觀測的黑洞，光是銀河系就有數百萬個黑洞，一般認為這些黑洞漂流在恆星之間。

除了銀河系中心的黑洞之外，圖中標示●的黑洞，大小均約為太陽質量的3～10倍，稱為「恆星質量黑洞」。

另一方面，本章要探討的超巨大黑洞就位於銀河系的中心。科學家是用什麼方法一窺這個黑洞的真實樣貌呢？

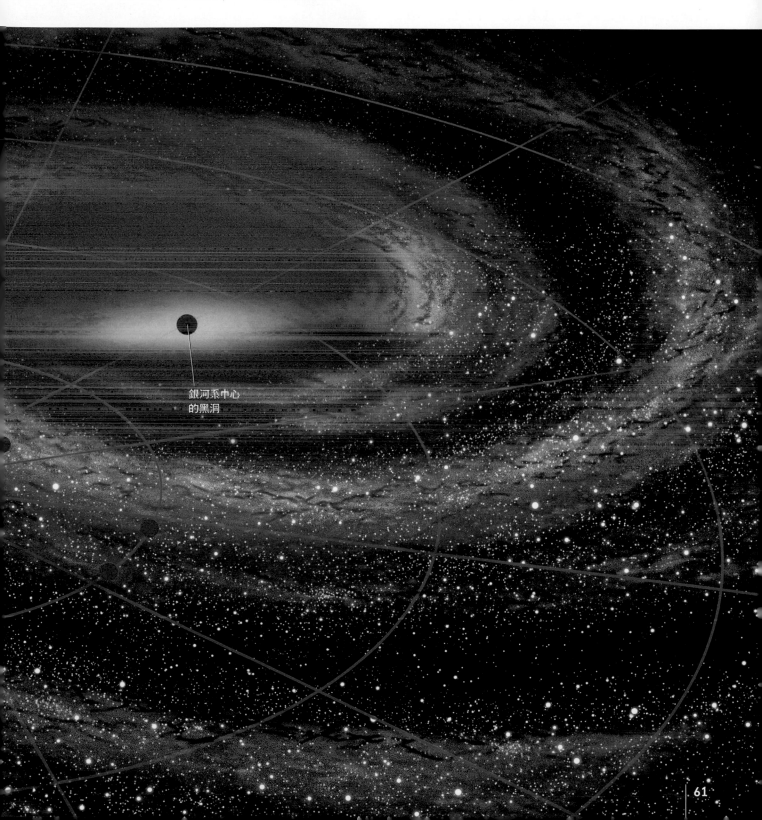

銀河系中心
的黑洞

從我們居住的星系內側看到的天河形象

橫互夜空的天河，自古以來都是引起人們興趣且極其神祕的存在。東亞是以「河川」來比喻，西方則是根據希臘神話，認為天河是主神宙斯之妻希拉濺灑在夜空的乳汁，故稱為「奶路」（milky way）。現代由於人工光照的增加，想在都市中看到天河的微弱光芒愈趨困難，今昔相較，天河對從前的人而言，遠比現代人還要有存在感。

針對「天河的真實樣貌究竟是什麼？」這個問題，以科學角度來回答的第一人，是有天文學之父美譽的義大利人伽利略（Galileo Galilei，1564～1642）。1609年，伽利略使用剛剛發明不久的望遠鏡，確認在天邊朦朧閃耀的天河其實是無數星球的集合體。

後來經過各種觀測，天河的詳細結構逐漸顯得愈趨清晰。如今，人們已經得知天河的真實樣貌，就是如右圖所示的「銀河系」。

天河這條夜空中的光帶，從銀河系的內側看出去，呈現出這樣的形象。因為我們是從內部來觀測銀河系，所以天河便呈現連續的一條線。在這條光帶中，天河濃密寬闊的部分對應銀河的核球方。

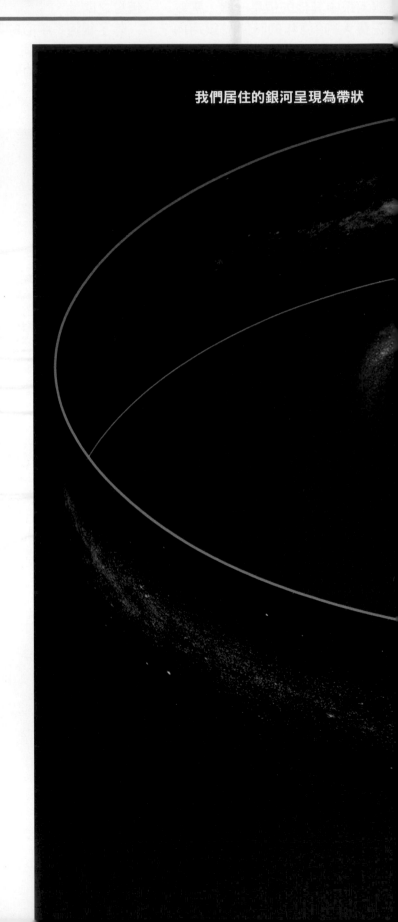

我們居住的銀河呈現為帶狀

朝銀河中心方向
（人馬座）

廣闊濃密的天河是於銀河中央之核球所見到的形象。

核球

地球

銀河系半徑：5萬光年

地球上可見之星體所構成的部分天球

黯淡的天河是遠離銀河中心、星體較少之區域所呈現的樣貌。

朝銀河中心相反方向．逆向中心
（御夫座和金牛座的邊界附近）

銀河系的「核心」

透過無線電波觀測，發現銀河系的中心核

這張跨頁圖描繪了夏季天河的一部分，黑色球體代表黑洞這個天河內的代表性天體（稍有誇大，僅為大致位置）。圖左上方的「天鵝座X-1」（第26頁～第27頁），一般認為是質量超過太陽9倍的黑洞。圖右下方天河中心的「人馬座A*」（SgrA*），則認為是質量相當於太陽約450萬倍的巨大黑洞。

人馬座A*是透過無線電波觀測才發現其存在。圖左下方是位於

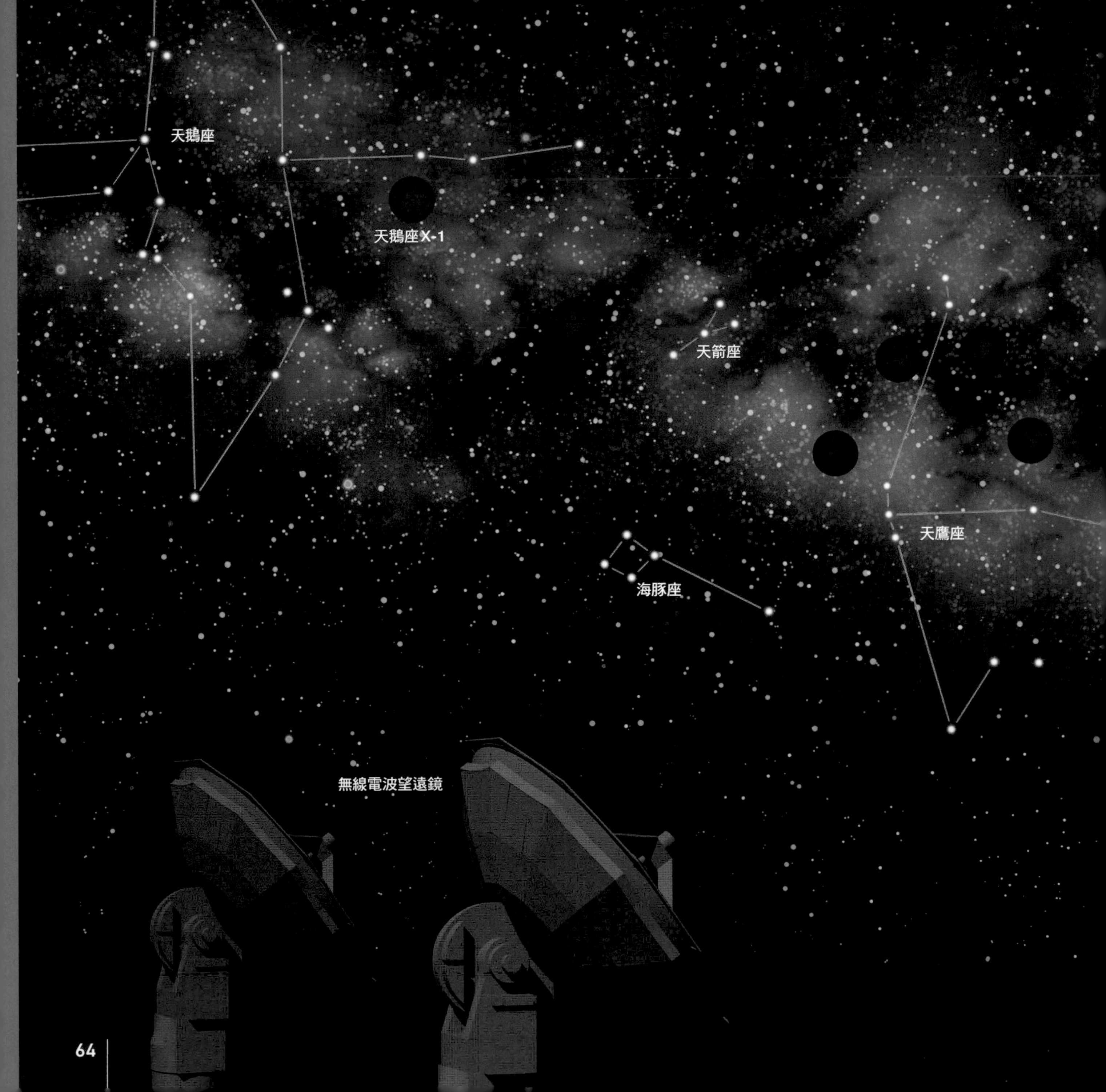

天鵝座
天鵝座X-1
天箭座
天鷹座
海豚座
無線電波望遠鏡

地面的無線電波望遠鏡。

　　無線電波天文學可以追溯至1931年，當時美國貝爾實驗室（Bell Telephone Laboratories，現名為Nokia Bell Labs）的無線電工程師央斯基（Karl Guthe Jansky，1905～1950）首次觀測到來自宇宙的無線電波。由於設備不像無線電波望遠鏡那樣完善，因此無法準確得到無線電波源的位置，然而這正是從銀河系中心核發出的。

　　後來，美國的無線電工程師雷伯（Grote Reber，1911～2002）自製了一座可稱為第1號無線電波望遠鏡的拋物面天線（parabolic antenna），並利用它對全天空進行觀測，繪製出天河的無線電波地圖。1944年，他發現人馬座具有強烈的無線電波峰值，從而找到「人馬座A*」。

　　隨著觀測精度不斷提高，美國國家無線電波天文臺（NRAO）的無線電波干涉儀，於1974年**在人馬座A中發現像恆星一樣小的無線電波源，認為這是銀河系的中心核。如今，科學家稱這個無線電波源為「人馬座A*」。**

　　從下一單元開始，我們將透過觀測影像，一窺位於銀河中心的人馬座A*之樣貌。

盾牌座

人馬座A*

射手座

聚焦「荷包蛋的蛋黃」

三裂星雲 M20

礁湖星雲 M8

NGC6357

貓掌星雲
NGC6334

心宿二

全天際影像
（影像中央為銀河系
的中心）

本跨頁影像
的範圍

從本單元開始，我們將朝天河的中心區前進，一探其中樣貌。**這張影像清晰地捕捉到銀河系中心方向、橫跨人馬座和天蠍座、天河最為寬闊濃密的區域**，它是由歐洲南天天文臺（ESO）的蓋札德（Stephane Guisard，1970～），使用口徑10

公分的高橋折射望遠鏡「FSQ-106ED」，以及SBIG公司的冷卻CCD相機拍攝而得。影像右側顯現天蠍座的心宿二閃耀著光芒。

左頁的對角線上有一條沿著銀河系圓盤延伸的暗帶。暗帶中央看起來像是黑色的縫隙，但並不代表那裡沒有星體。因為濃厚的

塵埃遮擋住來自後方的光線，所以才顯得較為黯淡。我們還能在這條暗帶中看到貓掌星雲這類發出紅光的星雲。

在下一單元之中，我們將透過波長比可見光更長的紅外線和無線電波，來觀察這條滿布塵埃的暗帶。

以紅外線或無線電波朝向
銀河中心來觀測

即使透過可見光往銀河中心的方向觀測，也會因為塵埃和氣體的遮擋而看不見任何東西，**但如果使用不易為塵埃等物體吸收的紅外線、無線電波或X射線來觀測，便能看見銀河中心的樣貌。**

這是由位於智利ESO帕拉納天文臺的VISTA巡天望遠鏡所攝得的影像，分別使用三種波長的紅外線（0.125毫米、0.165毫米、0.215毫米）朝銀河中心方向拍攝，並將捕捉到的數千張影像拼接而成。可以看見銀河面往左右延伸，中心附近顯得格外明亮。

右頁的4張影像皆拍攝相同的範圍。在史匹哲和WISE太空望遠鏡拍攝的紅外線影像中，恆星形成的活躍區域以紅色來表示。無線電波影像捕捉到溫度僅數十K（0K為攝氏負273度）的冷塵埃和氣體。

下一單元我們將更接近銀河的中心。

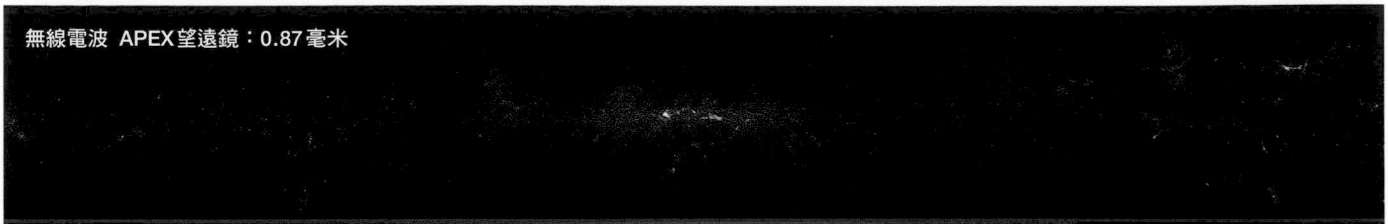

無線電波 APEX望遠鏡：0.87毫米

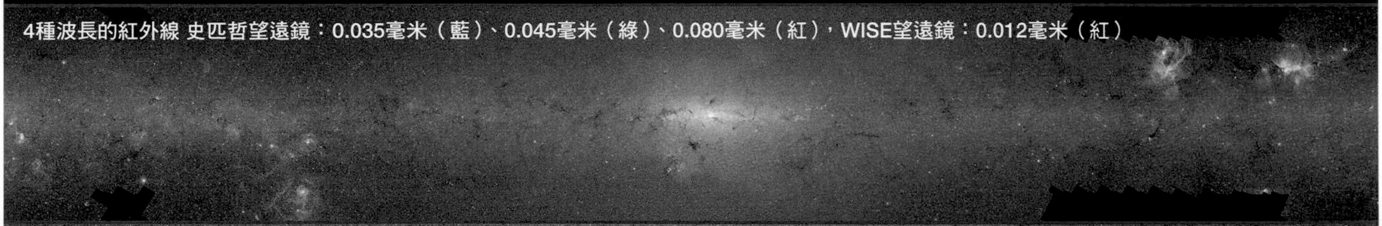

4種波長的紅外線 史匹哲望遠鏡：0.035毫米（藍）、0.045毫米（綠）、0.080毫米（紅），WISE望遠鏡：0.012毫米（紅）

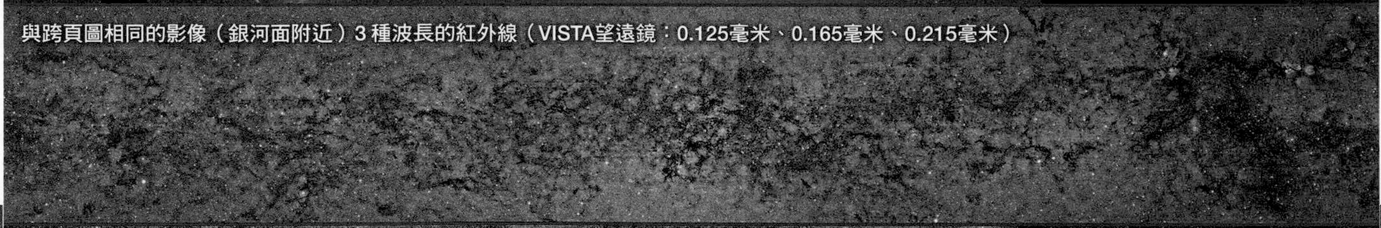

與跨頁圖相同的影像（銀河面附近）3種波長的紅外線（VISTA望遠鏡：0.125毫米、0.165毫米、0.215毫米）

與第66頁～第67頁相同的影像（銀河面附近）可見光

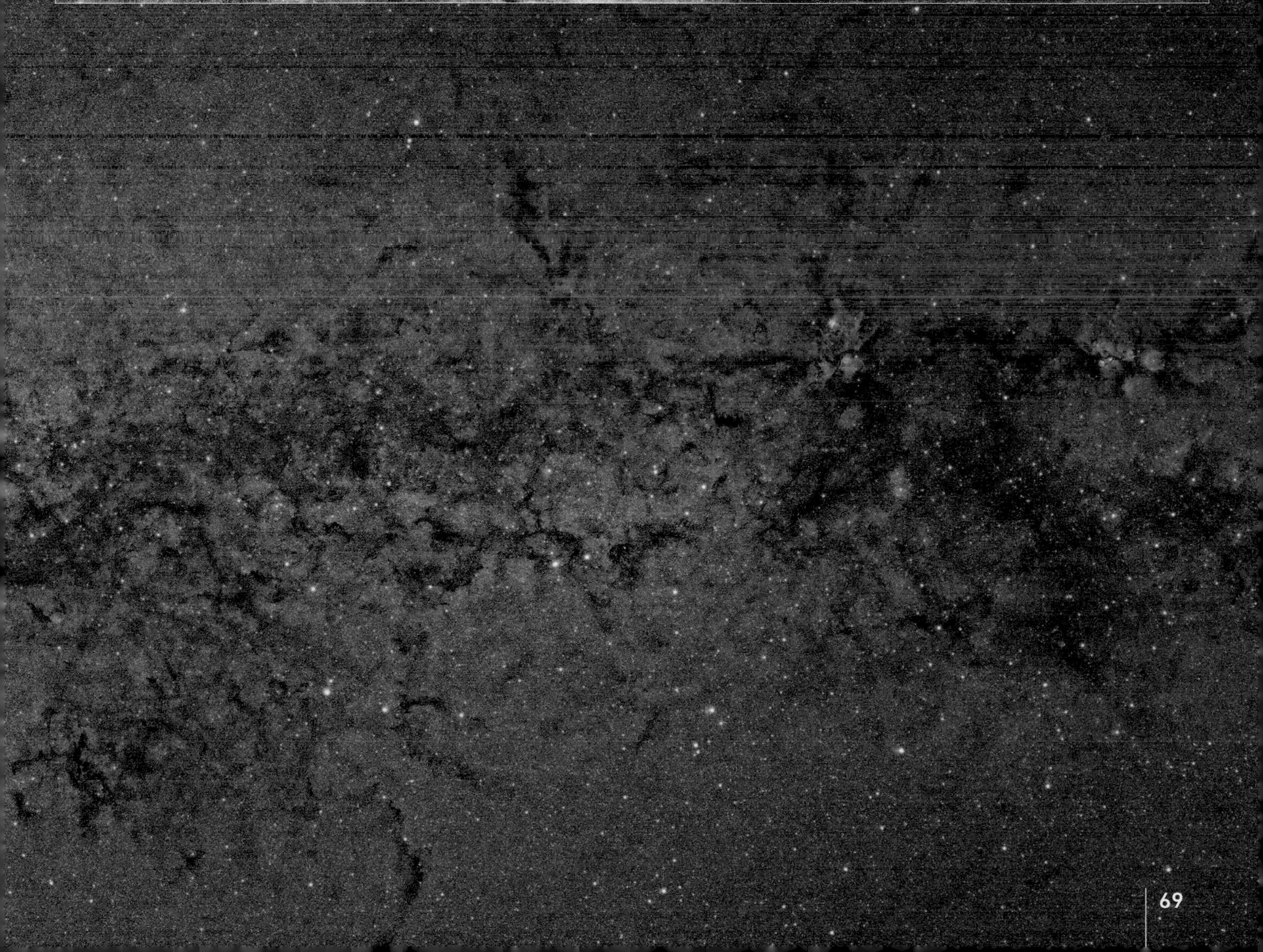

銀河中心

恆星的誕生和死亡交替不斷

距中心半徑 300 光年

下方影像是銀河中心約650光年範圍的區域，紫色和橙色代表無線電波。

橙色為20～30K的冷「分子雲」，主要由氫分子組成，可以看到這些分子雲沿著銀河面分布，象徵未來數百萬年後新星誕生的星之搖籃。

也有生命走到盡頭的恆星。紫

下方影像的範圍

SNR0.9+0.1
（超新星殘骸）

人馬座D
（氫離子區）

人馬座B2

人馬座B1

人馬座D
（超新星殘骸）

紫色：美國國家無線電波天文臺（NRAO）的超大型干涉無線電波望遠鏡陣列（VLA）所攝得的波長20公分無線電波
橙色：加州理工學院次毫米波天文臺（CSO）所攝得的波長1.1毫米無線電波
青色‧星體：史匹哲太空望遠鏡的紅外線陣列相機所攝得的紅外線

色代表受到大質量恆星或超新星殘骸的熱所照亮，被電離的氫氣體。**此外，我們也能看見名為「無線電波弧」（radio arc）的特殊結構，一般認為這是高能量**電子之路徑遭磁場影響而彎曲時所產生的光（稱為同步輻射光），附近（右頁）還能看見許多垂直於銀河面的條狀結構。

而在無線電波弧的右側，有個明亮的無線電波源「人馬座A」。下一單元我們將就近觀察人馬座A。

人馬座C

人馬座A

無線電波弧

銀河中心區域的星體
和氣體較為密集

銀河系中心區域是一個完全不同於太陽附近之宇宙空間的世界。據估計，距離銀河系中心數百光年的內側，密度就比太陽附近高出約1萬倍。

這張影像是由三座太空望遠鏡所拍攝的銀河系中心區域之資料組合而成，我們可以看到許多恆星、氣體和塵埃的複雜結構。

影像左側有「圓拱星團」（arches cluster）和「五合星團」（quintuplet cluster）這一類高密度的星團。此外，黃色的巨大弧形結構為遭到年輕大質量星團加熱的氣體和塵埃，乃是上一單元所介紹的無線電波影像中，無線電波弧和人馬座A之間的區域。

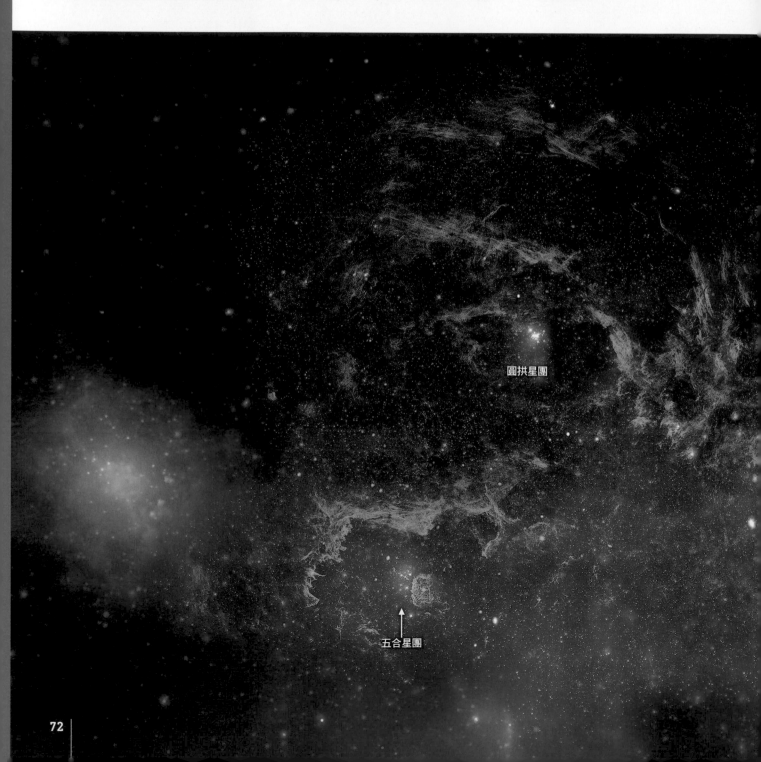

圓拱星團

五合星團

影像右下方發出藍白色光芒的區域為人馬座 A，可以看到這裡有兩個具不同亮度等特徵的元素。「人馬座 A 東星」為具有殼狀結構的超新星殘骸，而銀河系中心核的人馬座A*就位於「人馬座 A 西星」之中。下一單元我們會再詳細地探討這塊區域。

上面的三張影像從左到右分別是史匹哲太空望遠鏡的紅外線、哈伯太空望遠鏡的近紅外線，以及錢德拉太空望遠鏡的X射線所攝得的影像。左邊影像顯示氣體和塵埃散布在整片區域，中間影像可以清楚地看到年輕恆星聚集成弧形，右邊影像中，右下方有一塊特別明亮的區域，這是一團數百萬度的超高溫氣體，超巨大黑洞就存在於這團氣體的中心。

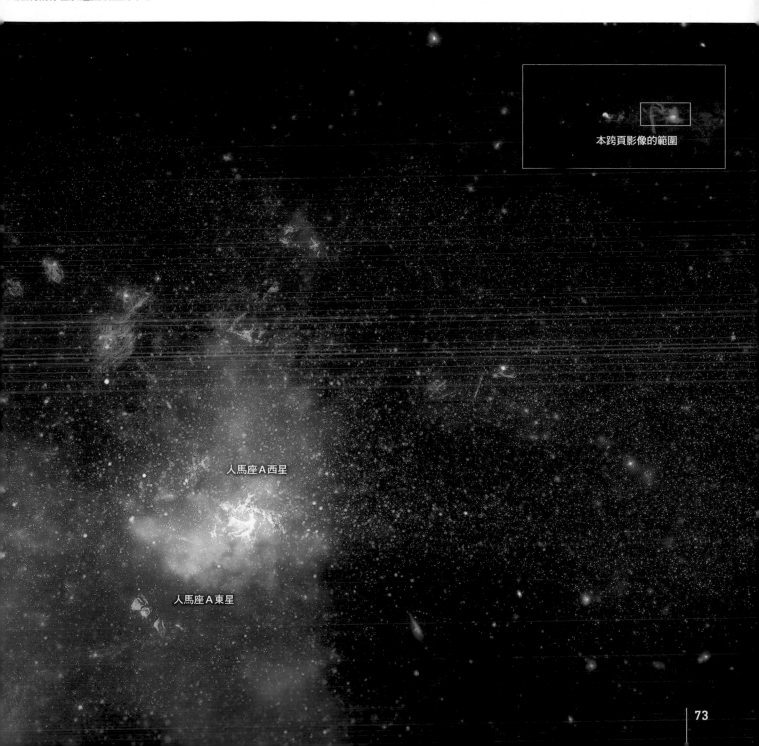

本跨頁影像的範圍

人馬座A西星

人馬座A東星

氣體雲以高速旋轉

在「人馬座Ａ西星」，氣體以每秒超過100公里的速度旋轉。透過無線電波的觀測，可以清楚地看見向中心延伸的三條螺旋狀結構（右頁下方的影像），這個結構稱為「迷你螺旋」（mini spiral），是落入銀河系中心核的離子化氣流。影像中紅色橢圓形的部分即為人馬座Ａ*。

自1980年代開始，人們經由觀測中心區域之氣體和恆星的運動，來計算銀河中心的質量。後來到了1990年代，**透過高解析度的近紅外線觀測（右頁影像），得以仔細觀測中心區域各個恆星的運動，從而更精確地估算出位於中心的超巨大黑洞質量。**其結果將於下一單元介紹。

迷你螺旋示意圖·

透過超大型望遠鏡（VLT）所攝得的近紅外線影像，可以看見銀河系中心區域聚集著無數眾多的恆星。方框部分是將於第77頁介紹的影像範圍，人馬座A*就位於其中。

1光年

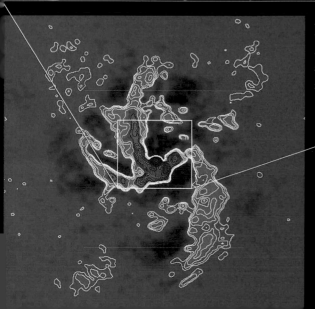

左邊影像是透過智利的ALMA望遠鏡，於首個觀測季（2012年5月）進行拍攝的迷你螺旋電波（波長3毫米）。中間紅色橢圓部分為人馬座A*（JAXA的坪井昌人博士提供）。

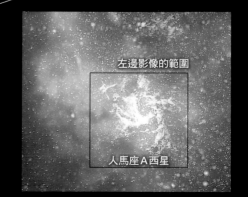

左邊影像的範圍

人馬座A西星

存在有質量相當於450萬個太陽的黑洞

德國馬克斯普朗克研究所（Max Planck Institute）的根舍博士（Reinhard Genzel，1952～）研究團隊，與美國加州大學洛杉磯分校的蓋茲博士（Andrea Mia Ghez，1965～）研究團隊，從1990年代開始針對名為S2的恆星於人馬座A*附近的運動進行長達10年的研究，發現它正以某一點為中心繞行，進行週期約15年的橢圓軌道運動。這顆恆星最接近中心時的距離為17光時（約為太陽到冥王星距離的3倍）※。驚人的是，此時的速度至少超過

從巨大黑洞旁掠過的恆星

此為恆星S2的示意圖，這是顆繞著銀河系中心之黑洞周邊運行的恆星。S2大約以15年的週期環繞黑洞周邊運行，每當再次接近黑洞時，會以每秒5000多公里的速度穿過距離黑洞17光時（約為太陽到冥王星距離的3倍）的位置。順帶一提，地球的公轉速度大約每秒30公里。

從黑洞旁掠過的恆星（S2）

每秒5000公里。

從這個恆星的運動可以看出，中心位置存在有巨大的質量。科學家經由恆星軌道和運動的觀測，估計其目前的質量約為太陽的450萬倍。

隨著無線電波望遠鏡的解析度提升（無線電波觀測的詳細內容參見第86頁），中國上海天文臺的沈志強博士（1965～ ）等人，於2004年利用美國的VLBA（超長基線陣列）進行觀測，**發現在黑洞周圍結構發光的「人馬座A*」，其大小縮減至與地球軌道的半徑（約1億5000萬公里）相當。此外根據計算，黑洞本身的半徑約1000萬公里，比水星的軌道還小。**

這個結果值代表位於這個中心的天體只可能是黑洞。

值得一提的是，太陽450萬倍的質量固然巨大，但與銀河系圓盤的質量（約為太陽的2000億倍）相比，仍顯得微不足道，由此可見，巨大黑洞的重力對於銀河系圓盤的整體旋轉影響非常的有限。

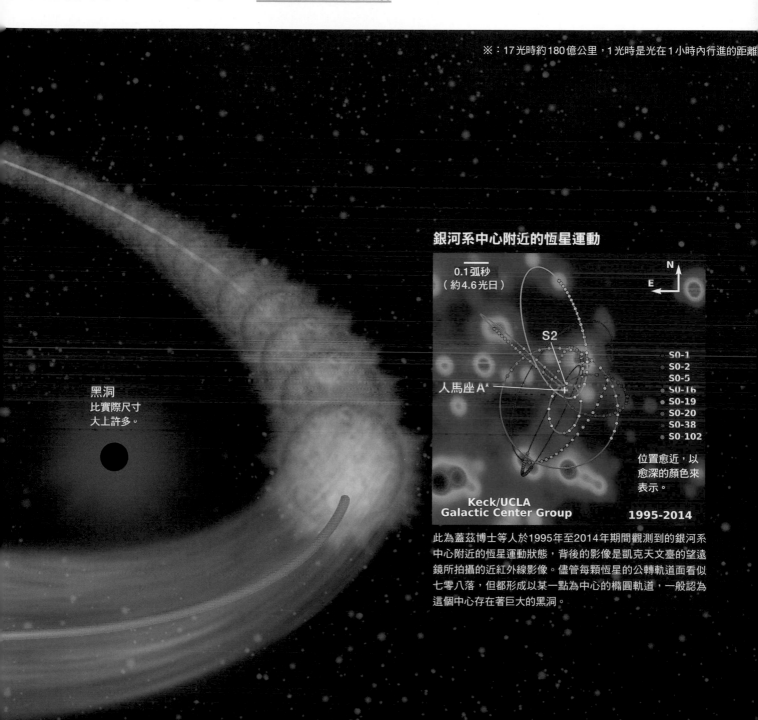

※：17光時約180億公里，1光時是光在1小時內行進的距離

黑洞
比實際尺寸
大上許多。

銀河系中心附近的恆星運動

0.1弧秒
（約4.6光日）

N
E

S2

人馬座A*

S0-1
S0-2
S0-5
S0-16
S0-19
S0-20
S0-38
S0-102

位置愈近，以愈深的顏色來表示。

Keck/UCLA Galactic Center Group

1995-2014

此為蓋茲博士等人於1995年至2014年期間觀測到的銀河系中心附近的恆星運動狀態，背後的影像是凱克天文臺的望遠鏡所拍攝的近紅外線影像。儘管每顆恆星的公轉軌道面看似七零八落，但都形成以某一點為中心的橢圓軌道，一般認為這個中心存在著巨大的黑洞。

column7

藉「調適光學」一睹
人馬座A*附近的恆星

> ## 隨著「調適光學」技術的出現,地面望遠
> ## 鏡的視力大幅提升

在不受大氣影響的宇宙中,我們可以取得非常清晰的天體影像。不過,只要使用「調適光學」的技術,地面望遠鏡也能獲得比哈伯太空望遠鏡更勝一籌的「視力」(空間解析度)。

調適光學的原理

使用波面感測器檢測導引星的光線扭曲程度,根據這些資訊來調整可變形鏡的表面形狀,使光線恢復到尚未扭曲的狀態。這樣一來,從幾乎相同方向發出的天體光線也能以未扭曲的狀態進行觀測。

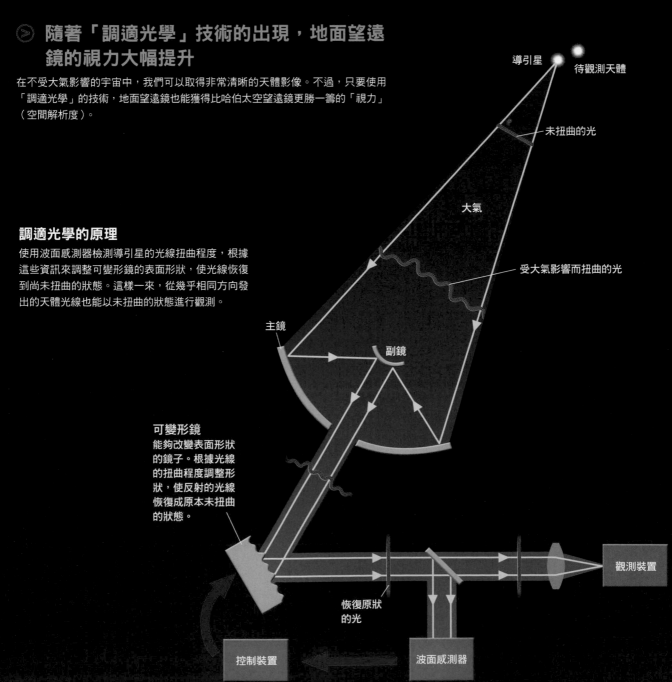

導引星

待觀測天體

未扭曲的光

大氣

受大氣影響而扭曲的光

主鏡

副鏡

可變形鏡
能夠改變表面形狀的鏡子。根據光線的扭曲程度調整形狀,使反射的光線恢復成原本未扭曲的狀態。

恢復原狀的光

觀測裝置

控制裝置

波面感測器

地球的大氣會對天文觀測造成阻礙，因此像哈伯太空望遠鏡這種在外太空的望遠鏡，在取得清晰的天體影像方面較有優勢。

但近年來，地面望遠鏡也利用「調適光學」（adaptive optics, AO）這項技術來抵消大氣的擾動，從而大幅提升空間解析度（相當於觀測能力，可以辨識出接近但實為不同的兩個點）。

研究銀河系中心超巨大黑洞的科學家也利用這種方法，取得了豐碩的成果。

調適光學需要先找到一顆位於待觀測天體附近且明亮的「導引星」，使用這顆導引星所發出的光，來測量當下的大氣擾動，根據這些資訊調整鏡面形狀以抵消光的扭曲。

這樣就能夠對目標天體發出的光進行校正，將其還原成正常形狀的光，繼而獲得清晰的影像。據說「光的測量→鏡面變形」這個過程，每秒會進行大約1000次。

假使附近找不到明亮的導引星，那麼就從地面發射雷射光束，在高度約90～100公里處（鈉密度較高的地方，名為「鈉層」）製造出一顆明亮的「人造星」，透過用它來取代導引星的方法實現調校。🪐

凱克望遠鏡所攝得的銀河系中心區域影像

右圖是美國加州大學洛杉磯分校的蓋茲博士等研究團隊，利用凱克天文臺望遠鏡所拍攝得銀河系中心區域的星體影像。放大的影像邊長為1弧秒（與第77頁的影像相同），使用調適光學後，可以清楚地拍攝到1弧秒內的星體。凱克天文臺自2000年以來就配備調適光學技術，而蓋茲博士等銀河中心的研究團隊是首批使用這項技術的人員。

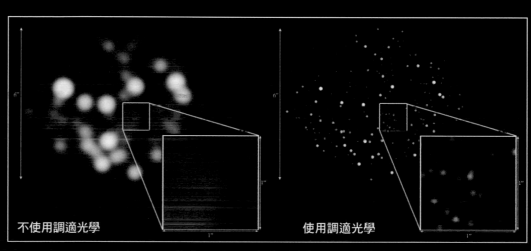

不使用調適光學　　　使用調適光學

在夜空中製造「人造星」的昴星團望遠鏡

左圖是昴星團望遠鏡正在發射雷射光，製造「調適光學」所需的人造導引星。這座望遠鏡設置於夏威夷的茂納凱亞火山山頂，毗鄰凱克天文臺的兩座望遠鏡。雷射光射向空中的鈉層，在那裡製造出發光的光點（鈉原子發光），接著根據這個光點的擾動程度，即時檢測大氣的擾動，進而將目標天體發出之光的擾動抵消。

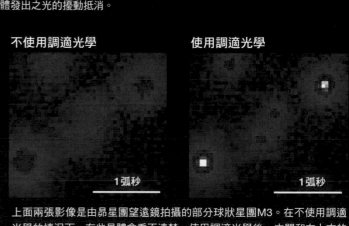

不使用調適光學　　　使用調適光學

1弧秒　　　1弧秒

上面兩張影像是由昴星團望遠鏡拍攝的部分球狀星團M3。在不使用調適光學的情況下，有些星體會看不清楚，使用調適光學後，中間和左上方的星體便清晰可見。

距今300年前，人馬座A*
的亮度是現在的100萬倍

眾所皆知，銀河系中心的巨大黑洞「人馬座A*」，儘管質量相當於太陽約450萬倍，但與其他星系中心的黑洞相比，從黑洞周圍釋放出來的能量相當低。利用X射線進行觀測，看起來顯得非常黯淡。

不過有證據顯示，它在300年前的亮度比現在高出大約100萬倍。日本的研究團隊發現，距離人馬座A*約300光年的巨大星雲「人馬座B2」，在人馬座A*釋放的X射線照射下發光，這種現象稱為「光回波」（light echo）。

值得一提的是，雖說是300年前，但地球到銀河系中心的距離大約是2萬8000光年，因此我們現在觀測到人馬座B2的光，其實是約2萬8000年前發出的。2萬8000年前，地球正處於末次冰期，當時人類仍在洞穴中生活。

銀河系中心在300年前究竟發生了什麼事？儘管目前仍不得而知，但根據推測，有可能是過去在黑洞周圍發生的超新星爆炸所產生的氣體大量落入黑洞，導致黑洞的活動一時之間活躍起來。

此外，我們也捕捉到人馬座A*的爆炸（閃焰）現象。例如，2013年9月14日就觀測到400倍的X射線閃焰，右圖中的影像就是當時的情景。同樣地，2014年10月也觀測到200倍的X射線閃焰。

為何會發生如此大規模的X射線閃焰現象呢？有一種說法認為，小天體為中心的超巨大黑洞重力所撕裂，其殘骸在被吞噬之前變得高溫並釋放出X射線。另一種說法是，由於黑洞周圍的磁場重新連接（磁重聯），從而產生像太陽那樣的X射線爆發性釋放。

300年前人馬座A* 的增光照亮了「人馬座B2」星雲

日本研究團隊利用X射線天文衛星「飛鳥」及其後繼機「朱雀」、NASA的「錢德拉」、ESA的「XMM-Newton」，耗費大約10年的時間（1994年～2005年），對人馬座A*附近區域進行觀測，在詳細分析這些數據後，才發現此一現象。

另外，距離人馬座A*約50光年的星際物質（本頁上方錢德拉所拍攝的影像中呈藍色霧狀的區域），也分別在2000年、2004年和2005年的錢德拉觀測中捕捉到人馬座A*發出的光回波。

（拍攝）
1994年：飛鳥
2000年：錢德拉
2004年：XMM-Newton
2005年：朱雀

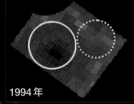
1994年

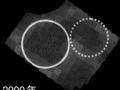
2000年

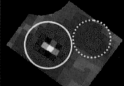
2004年

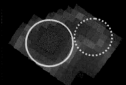
2005年

2013年9月14日，人馬座A*增光400倍

右邊一系列影像是錢德拉X射線天文衛星於2013年9月14日透過高能量X射線觀測到的人馬座A*。從約14小時的觀測資料中挑出一部分，可以看出人馬座A*急劇增亮。跨頁影像是錢德拉捕捉到的人馬座A*全貌。低、中、高能量的X射線，分別以紅、綠和藍色來表示，合成這張影像。

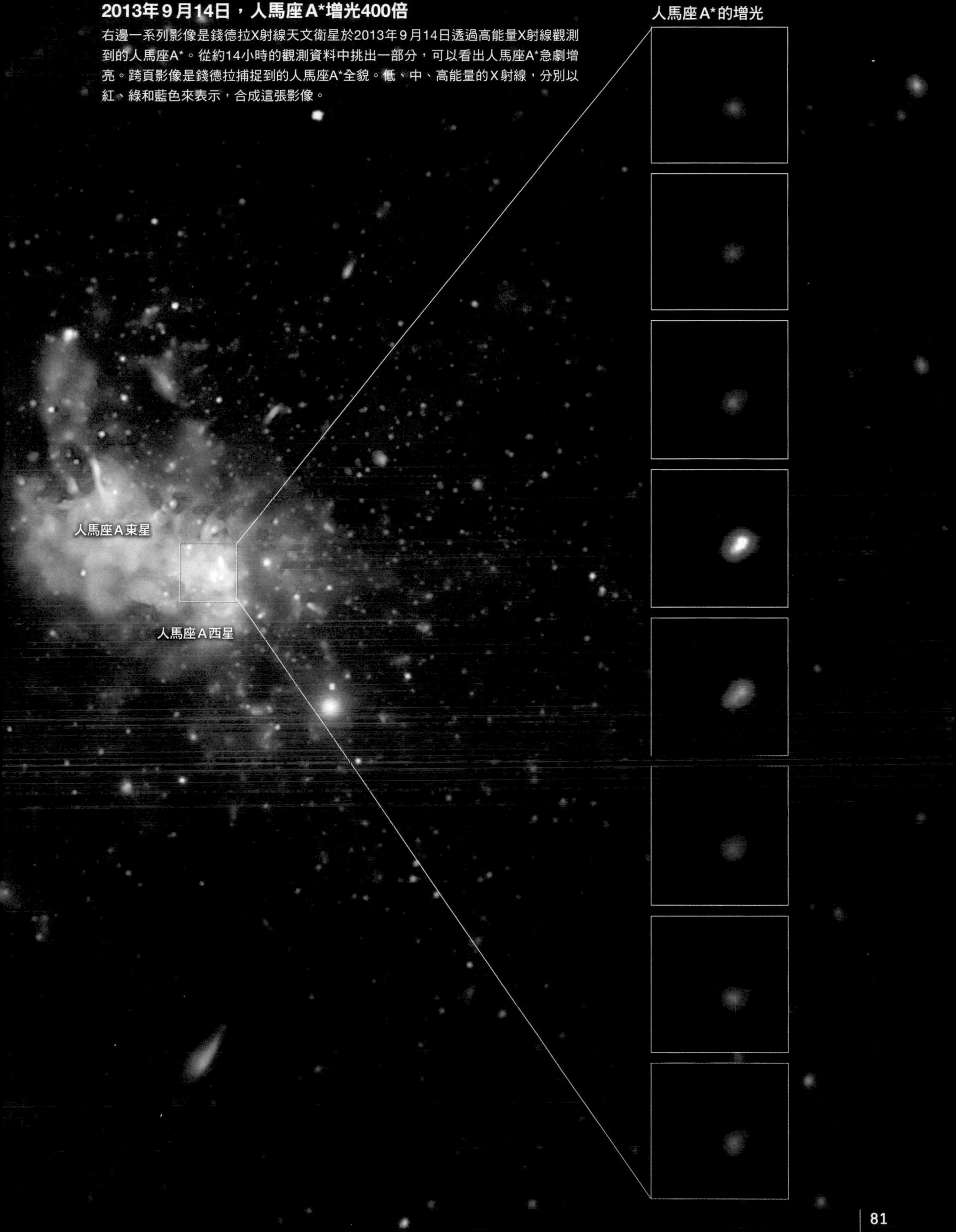

人馬座A束星

人馬座A西星

人馬座A*的增光

人馬座A*的增光

銀河系中心備受期待的「天體秀」發生了什麼事?

2012年1月,德國馬克斯普朗克研究所的研究團隊,發現一個正以驚人速度接近人馬座A*的天體。由於距離太遠,無法得知這個天體的詳細樣貌,但根據推測,它是質量約地球3倍、體積長達數百個天文單位的氣體雲,並將其命名為「G2」。

當時的科學家預計G2將於2013年夏天最接近並通過銀河系中心的巨大黑洞。巨大黑洞具有非常強大的重力,當天體接近如此強大的重力源時,會發生什麼情況呢?由於過去從未目睹這樣的場景,使得每個研究人員都滿懷期待地等待這個決定性時刻的到來。

日本東京工業大學的齋藤貴之特聘副教授,針對G2接近巨大黑洞時可能發生的現象進行模擬。結果顯示,G2將被黑洞的強大潮汐力(第138頁)拉長,厚度被壓扁至不到原本的100分之1,其結果導致氣體溫度上升,並釋放出電磁波(光)。齋藤教授得到的結論是,在G2約一年的通過期間,最大可能會發出太陽絕對光度約50倍的亮度,但遺憾的是,這些光會被星際空間中的塵埃吸收,無法到達地球。此外,其他研究團隊也提出各種不同的模擬結果,例如

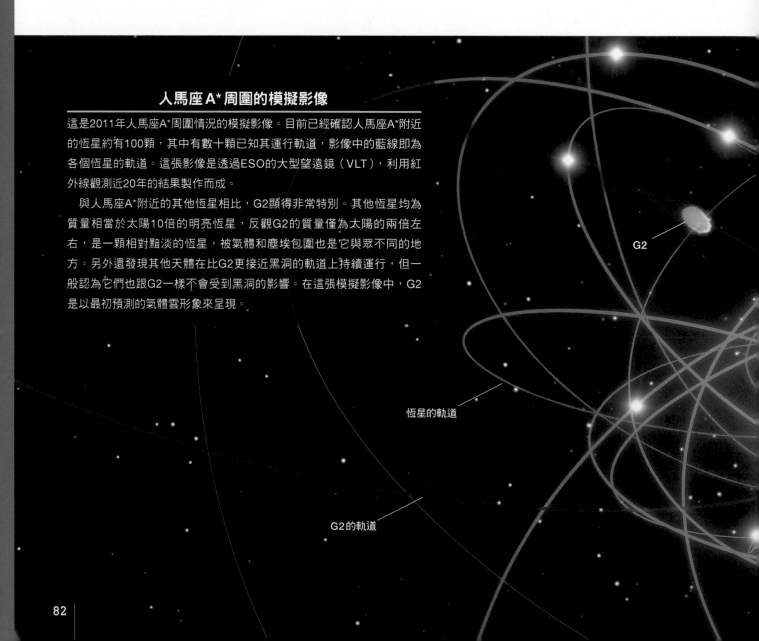

人馬座A*周圍的模擬影像

這是2011年人馬座A*周圍情況的模擬影像。目前已經確認人馬座A*附近的恆星約有100顆,其中有數十顆已知其運行軌道,影像中的藍線即為各個恆星的軌道。這張影像是透過ESO的大型望遠鏡(VLT),利用紅外線觀測近20年的結果製作而成。

與人馬座A*附近的其他恆星相比,G2顯得非常特別。其他恆星均為質量相當於太陽10倍的明亮恆星,反觀G2的質量僅為太陽的兩倍左右,是一顆相對黯淡的恆星,被氣體和塵埃包圍也是它與眾不同的地方。另外還發現其他天體在比G2更接近黑洞的軌道上持續運行,但一般認為它們也跟G2一樣不會受到黑洞的影響。在這張模擬影像中,G2是以最初預測的氣體雲形象來呈現。

G2

恆星的軌道

G2的軌道

G2的軌道在通過期間受到干擾而掉進黑洞等等。

除了受到星際吸收的可見光之外，科學家利用所有波長（無線電波、近紅外線、X射線、γ射線）對G2進行觀測。**然而，在G2實際通過巨大黑洞的期間，並未出現預期的增亮現象，軌道也沒有受到干擾或撕裂，彷彿若無其事一般地從黑洞附近通過。**

研究人員分析結果，逐漸得到一個結論，那就是G2的真面目很可能與當初的預期不同。從亮度並未發生變化、軌道沒有改變的觀測事實來看，G2很可能不是單純的氣體雲，而是有一顆恆星位於其中心。

假設G2的中心真的有恆星，那麼它的重力就會比之前所預測的要強，潮汐半徑也變得更大。潮汐半徑是指一個天體的自身重力與黑洞重力相抗衡的大小，如果天體的尺寸規模小於潮汐半徑，就不會受到黑洞的影響。

由於G2並未受到黑洞的影響，因此推測它是一個小於潮汐半徑而不到1～2個天文單位的天體。齋藤特聘副教授表示：「如果G2的中心有一顆恆星，而且大小比我們原先預計的還要小，那麼即使在黑洞的強大重力下，也不會發生在當前軌道上被壓扁而發出光芒的大事件。」

此外，根據這個大小和質量來估算，G2有可能是兩顆原為聯星的恆星合併，四周被合併時所產生的氣體和塵埃所包圍。觀測到的紅外線是中心的恆星所發出，被周圍的氣體和塵埃吸收後，再次發射出來的紅外線。

引起全球研究者關注而「轟動一時的天體」G2，未來仍將繼續圍繞著黑洞運行，數百年後再次迎來最接近黑洞的時刻。

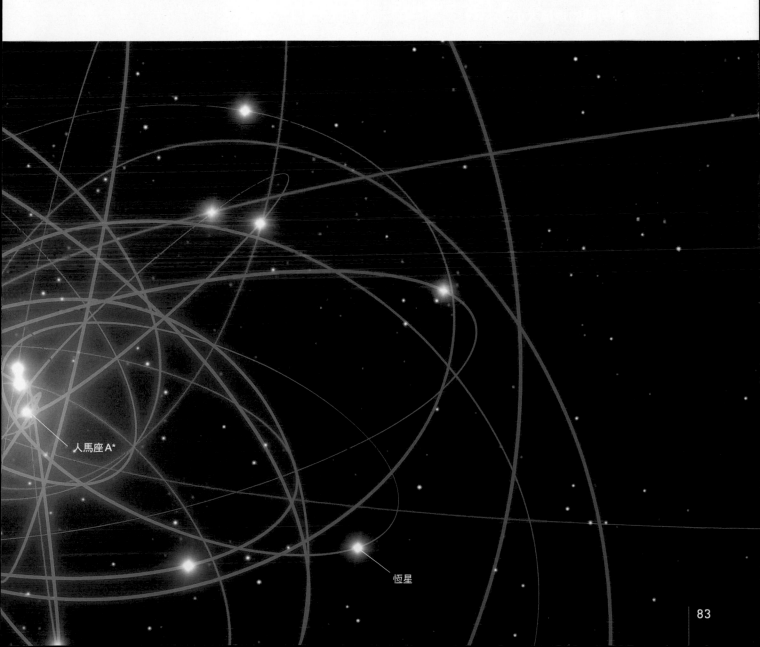

人馬座A*

恆星

從遠處觀看，「黑色洞穴」會呈現何種樣貌？

當望遠鏡的「觀測能力」逐漸提升，黑洞「看起來」會是何種樣態呢？

即使黑洞確實存在，光也不會從「事件視界」（第17頁）傳來，所以我們應該看不見它。但是，被認為是黑洞的天體周圍，存在著由高溫氣體組成的「吸積盤」，而它會發出光（電磁波），因此科學家認為，事件視界的存在可以藉由遭吸積盤之光芒所覆蓋的「黑色洞穴」來觀測。

目前已經展開一項國際計畫，那就是嘗試以電磁波直接觀測黑洞的「黑色洞穴」，而距離我們最近的超巨大黑洞人馬座 A*就成了觀測對象的首選。

根據廣義相對論的精確計算進

黑洞外觀的規模大小

天體	質量 （太陽比）	外觀大小 （史瓦西半徑，亦即逃逸速度等 於光速的半徑）
天鵝座 X-1	10 倍	0.1 微弧秒以下
人馬座 A*	450 萬倍	10 微弧秒
M 31	3000 萬倍	1 微弧秒
M 87	60 億倍	8 微弧秒

提供：日本國立天文臺 三好真

基於模擬的黑洞形象（提供：苫小牧工業高等專門學校 高橋勞太博士）

不考慮相對論的情況

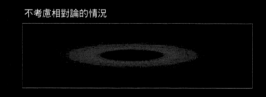

這是從離水平面10度的俯瞰角度觀測黑洞自轉的模擬影像，黑洞轉速為光速一半，且相對論效應也一併考慮。中間黑色半圓是黑洞及其周圍幾乎沒有氣體的區域，紅色和黃色部分為吸積盤。

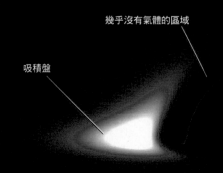

幾乎沒有氣體的區域

吸積盤

黑洞
（事件視界）

行模擬，來繪製「黑色洞穴」的樣貌（參照下圖）。

從這張模擬圖像可以看出，吸積盤呈現出有別於實際情況的奇特形狀。為什麼它看起來會是這種形狀呢？

這是因為圓盤旋轉造成的「都卜勒效應」，和廣義相對論中「光因重力而彎曲」效應所致。

首先，如果是從側面觀察圓盤，會發現圓盤的一半看起來很明亮（1）。吸積盤的左側是由後向前旋轉，因此從這邊發出的光之波長會變短（都卜勒效應），這就像一輛救護車朝我們的方向駛來時，鳴笛聲聽起來很尖銳一樣。因為旋轉速度很快，能量隨著光的波長變短而提升，所以看起來顯得格外明亮。反之，右側是由前向後旋轉，能量隨著光的波長變長而降低，所以看起來顯得十分黯淡。

另一方面，黑洞後面的吸積盤看起來像是立起來的（2），這是因為黑洞強大的重力，也就是時空的大扭曲，導致黑洞另一側發出的光朝我們的方向彎曲過來。

因此，當我們從遠處觀察黑洞的吸積盤時，都卜勒效應和廣義相對論中「光因重力而彎曲」效應交疊，使得中心附近的吸積盤看似扭曲成奇怪的形狀。

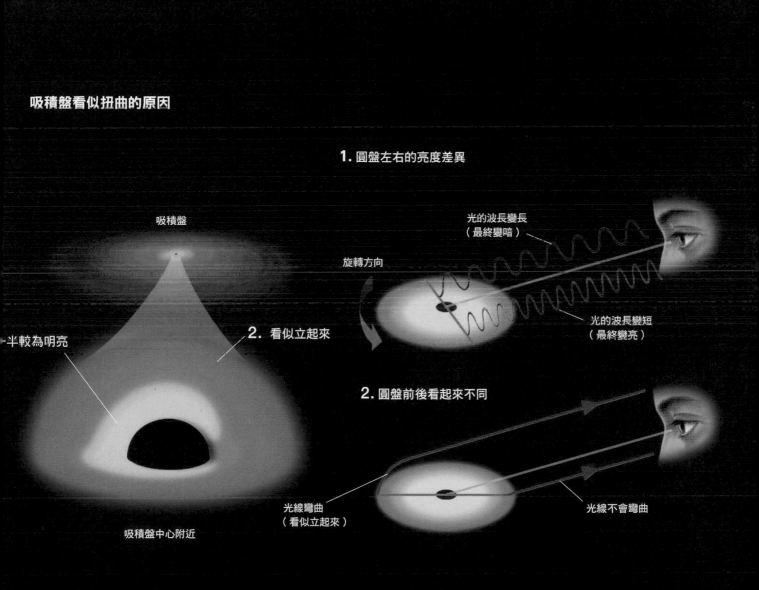

吸積盤看似扭曲的原因

1. 圓盤左右的亮度差異

吸積盤

光的波長變長（最終變暗）

旋轉方向

光的波長變短（最終變亮）

一半較為明亮

2. 看似立起來

2. 圓盤前後看起來不同

光線彎曲（看似立起來）

光線不會彎曲

吸積盤中心附近

怎樣才能放大觀看黑洞的「黑色洞穴」？

實際上有哪些方法可以觀看「黑色洞穴」呢？吸積盤的溫度會隨著位置而改變，並且發出不同波長的光（電磁波），而觀測的波長有多種選項。

光（電磁波）根據波長有不同的名稱，從波長較短的開始排列，依序為 γ 射線、X 射線、紫外線、可見光、紅外線、無線電波。一般物質發出的光（電磁波），波長會隨著溫度而變化。溫度愈低，波長愈長；溫度愈高，波長愈短。**黑洞周圍的吸積盤愈接近中心區域溫度就愈高，並釋放出強烈的 X 射線，因此利用 X 射線進行觀測可說是接近「黑色洞穴」的捷徑**。然而，X 射線很容易被大氣吸收，只有在大氣層外才能進行精確的觀測，而開發太空望遠鏡又需要相當可觀的資金。

最務實的方法是使用某種無線電波觀測

無線電波觀測被認為是最有力的方法。吸積盤靠近「黑色洞穴」的部分，不僅會釋放 X 射線，還會因為物質溫度以外的因素（磁場與電子的相互作用）而發出無線電波。

此外，使用無線電波就能輕易地利用「干涉儀」的技術，提升觀測天體細微處的性能（解析度）。干涉儀是一種結合多座望遠鏡，使其達到與巨型望遠鏡相同解析度的技術（右頁圖）。原則上，望遠鏡之間的距離愈遠，解析度就愈高，但無法提升聚光能力。

從原理上來說，就像是將合作的望遠鏡之間的距離作為口徑一樣，得以達到高解析度，但聚光能力無法提升。

「次毫米波」是無線電波干涉儀最適合用來觀測「黑色洞穴」的無線電波。次毫米（submilimeter）波是指毫米的10分之1，也就是波長0.1～1毫米左右的無線電波。

為什麼使用次毫米波進行觀測值得期待呢？因為銀河中心的黑洞質量巨大，可以想見「黑色洞穴」也很大，應該很容易觀測到。但是，由於銀河的中心區域為雲狀電漿所覆蓋，如果使用波長較長的電波，就會在穿過電漿時散射，導致「黑色洞穴」的形狀顯得「朦朧不清」，而次毫米波的波長較短，可以降低電漿散射的影響，從而準確地觀測「黑色洞穴」的形狀。

需要具備「視力超過200萬的眼睛」

從地球上來看，M87中心的黑洞和銀河系中心的「人馬座A*」，應該是看起來最大的「黑色洞穴」。縱使如此，從地球上觀測到的角度來估計，黑洞本體（事件視界）的半徑頂多也只有10微弧秒（＝3億6000萬分之1度，1弧秒為3600分之1度）多一些（參照第84頁的表格）。準確來說，圍繞在黑洞本體稍稍外側的光的軌道，看起來應該是「黑色洞穴」的邊緣，因此洞穴

的半徑差不多在25微弧秒左右。以人類的視力來說，這樣的大小需要200萬～300萬以上的視力才能辨別出來（能夠分辨出60分之1度的視力相當於1.0）。

於是，2009年啟動了一項名為「事件視界望遠鏡（event horizon telescope，簡稱EHT）」的國際觀測計畫。EHT的目標是結合世界各國的次毫米波無線電波望遠鏡，來實現與地球直徑幾乎相同口徑的無線電波干涉儀，藉此觀測黑洞的「黑色洞穴」。「event horizon」即為「事件視界」的意思。只要同時觀測的望遠鏡愈多，無線電波干涉儀得到的無線電波影像就愈準確。為此，夏威夷、格陵蘭、北美、南美、歐洲、南極，全球各地的無線電波望遠鏡都參與了EHT計畫。2019年，終於成功地透過EHT「看見」M87星系中心黑洞「洞穴」的實際影像（第88頁）。

也能利用地上和天上的裝置打造出一座望遠鏡

干涉儀的技術不光是地面，也有在太空運用的計畫。可以結合發射到大氣層外的天文觀測衛星與地面的望遠鏡，或者結合不同的天文觀測衛星來進行觀測。

前者的例子有1997年由日本宇宙科學研究所（現為JAXA宇宙航空研究開發機構）主導發射的無線電波天文衛星「HALCA」。它與地面的無線電波望遠鏡連接，讓太空無線電波

干涉儀成真。

後者的例子有NASA（美國國家航空暨太空總署）的「MAXIM」計畫。透過發射多

個X射線觀測裝置，實現波長較短的X射線中也能使用的干涉技術，理論上可以達到比前面提到的次毫米波干涉儀高出100倍的

解析度，相當於0.1微弧秒。

透過「地球規模的望遠鏡」直接觀測黑洞

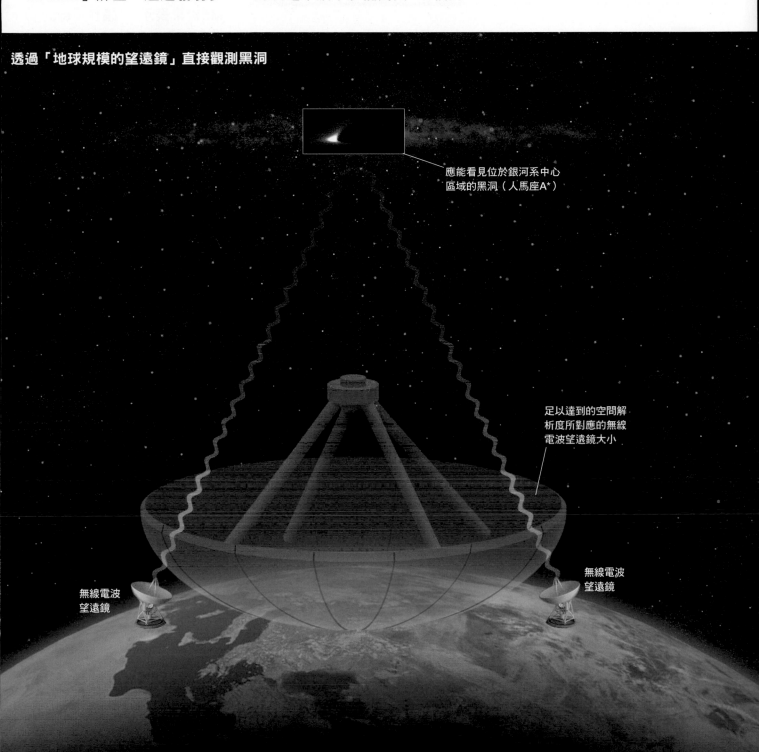

應能看見位於銀河系中心區域的黑洞（人馬座A*）

足以達到的空間解析度所對應的無線電波望遠鏡大小

無線電波望遠鏡

無線電波望遠鏡

黑洞終於「看得見」了！

黑洞是具有強大重力、連光都無法逃逸的天體。這種天體會扭曲時空、捕捉物質、使光線彎曲，這些現象都可以用廣義相對論來解釋。但是，過去從未實際拍攝到黑洞的影像。

2019年4月，人類終於成功捕捉到黑洞的形象。**在2017年的觀測之後，經過長期的資料分析，結果得到的影像中出現了位於橢**圓星系「M87」中心的超巨大黑洞M87*的「光子環」（photon ring），及其內側的黑色洞穴（星系和中心天體分別以M87和M87*來表示，*讀作「star」），這個黑色洞穴就是人類首次「看見」的黑洞樣貌（右頁影像）。

經過黑洞附近的光，會因為重力而彎曲，於黑洞周圍打轉，從而形成光子環。光子環的內側有

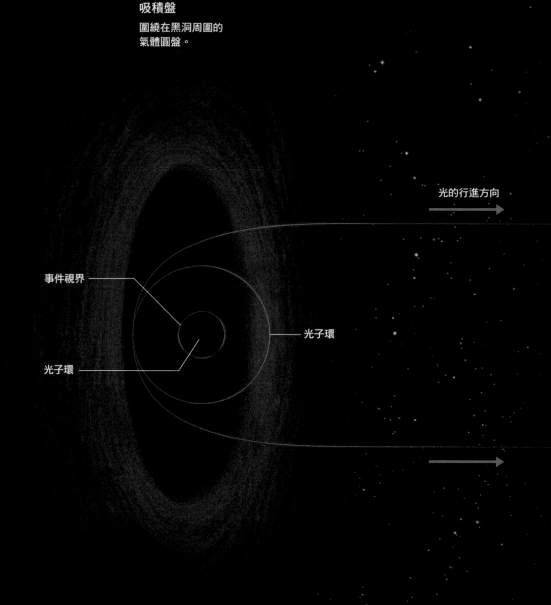

吸積盤
圍繞在黑洞周圍的
氣體圓盤。

光的行進方向

事件視界

光子環

光子環

註：M87*會噴出所謂「噴流」的高速氣流，圖中將其省略。

一條名為「事件視界」的界線，只要接近這條線，就連光也無法逃逸（下圖）。

利用「視力300萬」來觀測黑洞

成功拍攝黑洞的工具是一種名為「事件視界望遠鏡」（EHT）的無線電波干涉儀。**EHT利用分散在地球上6個地點的8座（截至2017年）無線電波望遠鏡，以波長1.3毫米的次毫米波來觀測位於M87中心的黑洞。其「視力」高達300萬，這是能夠從東京測量放置在大阪的一根頭髮粗細的超高精度。**

目前人類科技所能拍攝到的黑洞，只有M87中心的黑洞和我們所在的銀河系巨大黑洞「人馬座A*」。2022年，EHT宣布成功直接拍攝到人馬座A*（第90頁）。

2023年，由全球18座無線電波望遠鏡組成的「全球毫米波特長基線陣列」（GMVA），以比EHT更廣闊的視野成功地拍攝到M87的中心區域，捕捉到黑洞周圍吸積盤及噴流的影像。

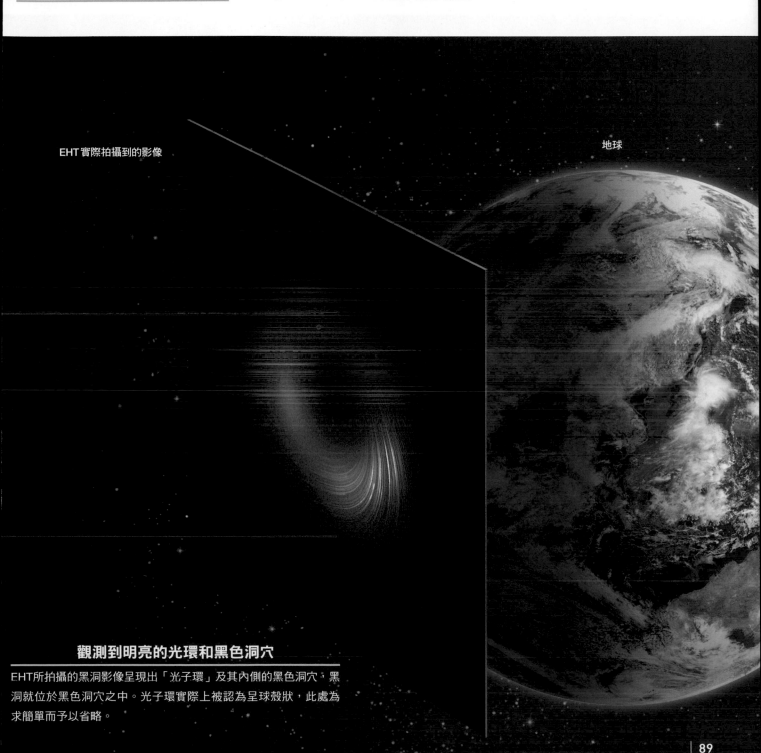

EHT實際拍攝到的影像

地球

觀測到明亮的光環和黑色洞穴

EHT所拍攝的黑洞影像呈現出「光子環」及其內側的黑色洞穴，黑洞就位於黑色洞穴之中。光子環實際上被認為呈球殼狀，此處為求簡單而予以省略。

人類拍攝到史上第2張黑洞的影像

我們銀河系中心的黑洞樣貌

協助
本間希樹
日本國立天文臺水澤VLBI觀測所所長

2022年5月12日晚間10點7分（日本時間），有一張影像顯示在記者會場的螢幕上。一片漆黑的背景襯托出環狀的橘色光芒。負責發表的德國法蘭克福大學博士研究員森山小太郎，在一片寂靜聲中解釋道：「這是世界上首次用

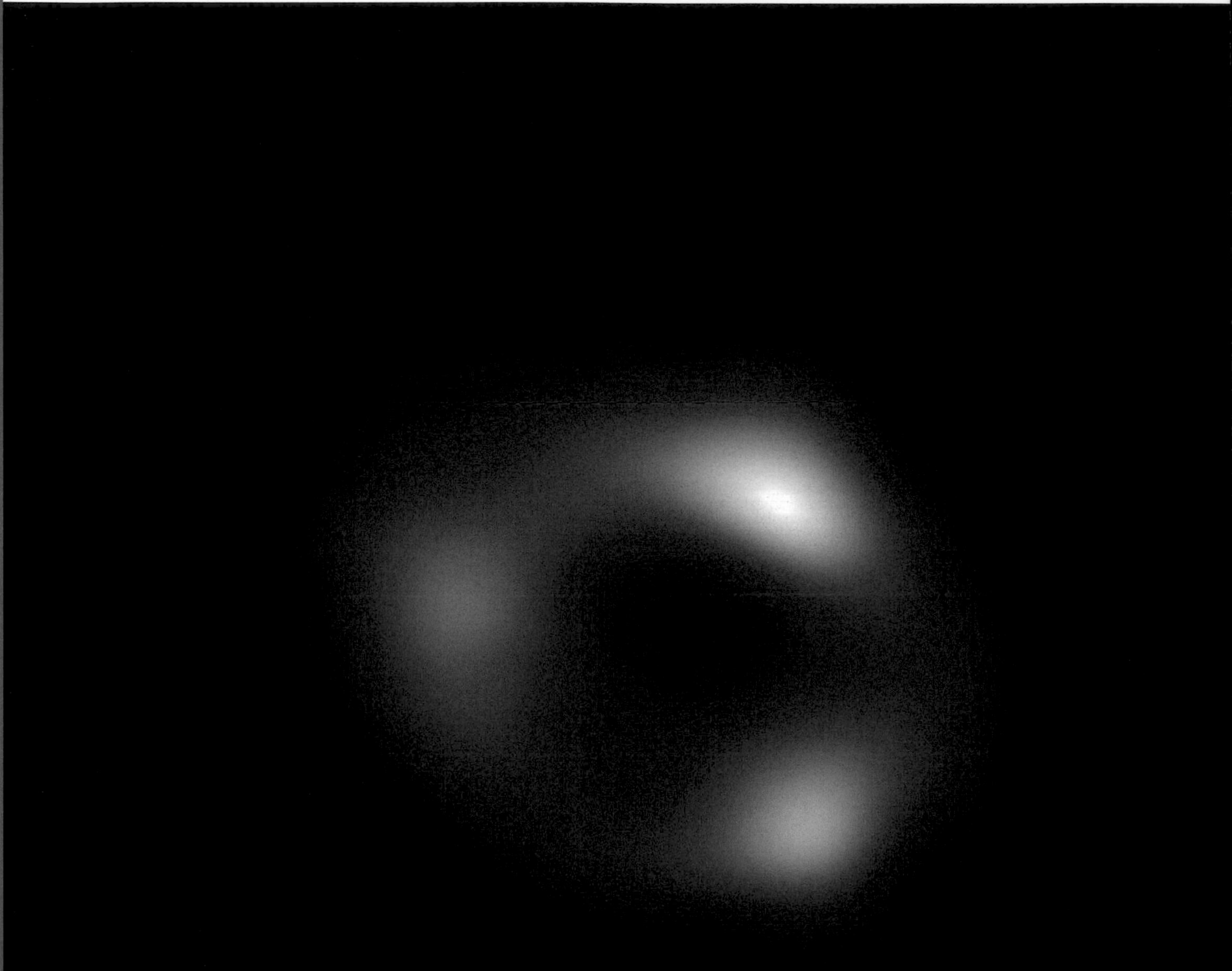

我們銀河系的「中心」終於現身

人馬座A*的影像。橘光的部分稱為「光子環」（右頁下圖），中心的黑影部分為黑洞陰影，但此處顏色只是為了方便才加上去的。人馬座A*是位於銀河系中心的天體，距離地球約2萬7000光年（1光年約9兆5000億公里）。

視覺捕捉到我們所在銀河系中心巨大黑洞「人馬座A*」的樣貌。」

影像中的橘光稱為光子環，是黑洞周圍的光和無線電波受到黑洞強大的重力彎曲而產生的現象，而中間的黑色部分，就是巨大黑洞人馬座A*。這張照片可以看到黑洞陰影（black hole shadows）由於光子環之逆光而浮現出來的景象。

從以往的研究結果來看，幾乎每個星系的中心都有一個質量約太陽100萬～100億倍的「超大質量（超巨大）黑洞」。德國的根舍博士與美國的蓋茲博士（Andrea Mia Ghez，1965～）這兩位同時於2020年榮獲諾貝爾物理學獎的得主，透過觀測人馬座A*周圍天體的運動，證明人馬座A*是一個在極小範圍內擁有巨大質量的天體，不過他們的研究仍無法確定人馬座A*是否真為黑洞。

但這次的觀測不僅確認人馬座A*周圍的光子環與黑洞陰影，也首次證明人馬座A*是一個超大質量黑洞。

這是人類歷史上第2次看到的黑洞影像，下面就讓我們來看看從這次觀測所得知的黑洞特徵。

人類史上第2次壯舉，觀測到和前一次不同特徵的黑洞

來自世界各地80個研究機構的300多名研究人員共同參與的國際合作研究計畫「事件視界望遠鏡」（EHT），這次成功拍攝到人馬座A*的黑洞陰影。EHT結合分散在全球各地的多座無線電波望遠鏡的觀測資料，成功觀測到黑洞（下方圖）。

人馬座A*的影像是2017年4月利用八座望遠鏡同時觀測到的資料製作而成，與此同時，EHT也對距離地球5500萬光年的橢圓星系「M87」中心的巨大黑洞進行觀測，該影像已於2019年4月發布。

儘管是在同一時期進行觀測，但人馬座A*的影像卻比M87的黑洞影像晚了大約3年

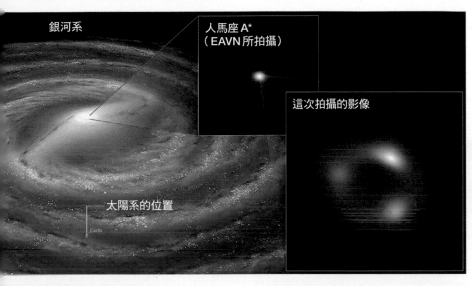

位於銀河系中心的人馬座A*

人馬座A*位於我們所居住的銀河系中心。中圖是「東亞VLBI觀測網」（EAVN，日本也有參與）於2017年4月拍攝的人馬座A*影像。

圖中標示：銀河系、人馬座A*（EAVN所拍攝）、這次拍攝的影像、太陽系的位置

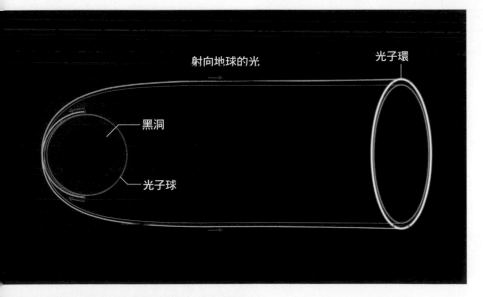

圍繞在黑洞周圍的光所形成的「光子環」

黑洞具有強大的重力，能夠吸引附近氣體所發出的光或無線電波，其中一部分會在黑洞周遭圍繞形成球狀，稱為「光子球」。當我們從地球觀測光子球時，射向地球的光會形成環狀的「光子環」。

圖中標示：射向地球的光、光子環、黑洞、光子球

才公布。為何兩者的公布時間會有如此大的落差呢？

原因在於這兩個黑洞的大小不同。M87的黑洞質量約為太陽的65億倍，在超大質量黑洞中是特別大的一個，因此其周圍氣體的運動相對緩慢，即使觀測一整天，看起來也沒有太大的變化。

反觀人馬座A*的質量約為太陽的400萬倍，遠比M87要小得多（右頁左圖），周遭氣體會以數分鐘為單位在黑洞周圍繞行，使得黑洞的外觀也以數分鐘的速度跟著變化。這樣一來，對於一次觀測需要花10個小時左右的EHT來說，影像在拍攝過程中會大幅晃動，難以獲得正確的影像。

為了克服這個問題，EHT也利用理論模擬等方式，開發出影像分析方法，對變動的無線電波影像進行時間平均以獲致正確形狀。由美國、日本、加拿大等國家的研究人員主導開發的4套軟體程式，總共製作出20萬張影像，接著再從這些影像中挑出大約1萬張更精確的影像，進一步進行平均。

這約1萬張影像大致具有相同的結構，卻不具有完全相同的特徵，因此分為4組，其中3組雖有著幾乎相同直徑的環狀結構，但環的亮度分布卻各不相同（右頁右圖下方小圖左起第1～3）。另一方面，儘管也獲得不具明確環狀結構的影像（最右小圖），但結合觀測資料和模擬進行大量測試後，發現這樣的可能性極低，於是便完成了這張具環狀結構的人馬座A*影像。計算出來的環狀直徑，也和廣義相對論的預測十分吻合。

森山博士研究員描述過程說：「剛開始製作影像的時候，情況並不順利，後來我們開發出分析及判斷影像的方法，加上大量的測試，最終才得以用極高的精確度顯示人馬座A*具有光子環的結構。能夠走到這一步，著實令人感慨萬千。」

光子環在巨大黑洞的外側形成，是我們可以看到最接近黑洞本身的結構。這次是繼M87的黑洞之後，人類史上第2次拍攝到最接近黑洞的影像。

與森山共同對人馬座A*的影像評估做出重大貢獻的日本東京大學研究生小藤由太郎，則滿懷期待地表示：「能獲得這兩種完全不同類型之超大質量黑洞的影像，可以幫助我們更深入了解超大質量黑洞和星系。」

然而，也有人對EHT的觀測結果提出質疑。於2019年發布

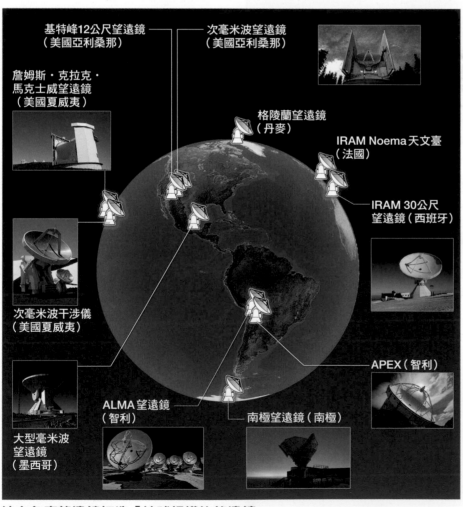

結合多座望遠鏡打造「地球規模的望遠鏡」

EHT藉聯合世界各地無線電波望遠鏡所觀測到的資料，打造出像地球一樣大的虛擬無線電波望遠鏡，以便觀測遙遠的黑洞。人馬座A*的影像是圖中紅色標示的8座望遠鏡所拍攝而得的；截至2022年，望遠鏡的數量又增加3座，共達11座。

基特峰12公尺望遠鏡（美國亞利桑那）

次毫米波望遠鏡（美國亞利桑那）

詹姆斯・克拉克・馬克士威望遠鏡（美國夏威夷）

格陵蘭望遠鏡（丹麥）

IRAM Noema 天文臺（法國）

IRAM 30公尺望遠鏡（西班牙）

次毫米波干涉儀（美國夏威夷）

APEX（智利）

ALMA望遠鏡（智利）

南極望遠鏡（南極）

大型毫米波望遠鏡（墨西哥）

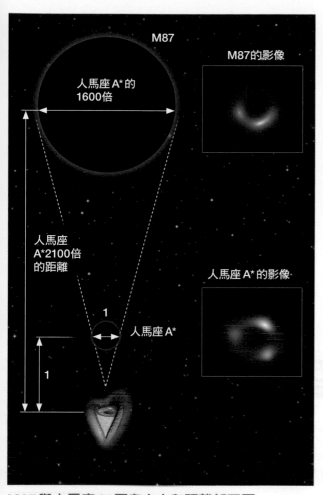

M87與人馬座A*兩者大小和距離都不同

人馬座A*的光子環直徑約6000萬公里，只有M87的黑洞（光子環直徑約1000億公里）約1600分之1，但由於M87和地球的距離約為人馬座A*的2100倍，因此從地球上看起來，兩者的大小差不多（人馬座A*略大一些）。

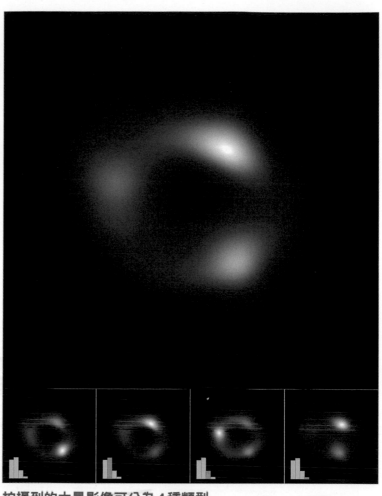

拍攝到的大量影像可分為4種類型

為了探索人馬座A*的樣貌，根據特徵將挑選出來的1萬張影像分成4組，下方的4張小圖即為各組經過平均後的影像，每張影像旁的彩色長條代表各張小圖在整體影像中所占的比例，可以看出沒有形成光子環的群組（最右圖）比例非常低。這4張影像再次進行平均，就得到這次的人馬座A*影像（上方）。

的M87黑洞觀測資料，已於2022年經過8組研究團隊的驗證，其中有7組團隊（包括EHT的4組外部團隊和3組內部團隊）都重現了EHT的結果。然而，有1組團隊卻在2022年發表一篇主張光子環不可能形成的論文。帶領EHT日本團隊的日本國立天文臺水澤VLBI觀測所的本間希樹所長說：「能夠獨立驗證EHT的觀測結果，對於科學的健全發展是一件非常好

的事情。我們透過多種成像技術進行驗證，也使用非成像的方法確認了環狀結構，因此我認為這個結果毋庸置疑。」

EHT目前仍持續對M87和人馬座A*進行觀測。如今參與觀測的望遠鏡比2017年時增加3座，記錄的資料量也隨之增加。更短的波長觀測、影像分析和驗證技術的提升等都仍持續發展，期望未來能夠取得畫質和解析度更高的影像。

EHT中有許多年輕的研究人員大展身手。黑洞的研究與廣義相對論的驗證、星系的形成和演化等諸多問題有著密切的關係，透過大量年輕研究人員的參與，擴展研究人員的領域，想必黑洞的相關研究將會有更進一步的發展。

（撰文：荒舩良孝）

一窺黑洞噴流的根源！

噴出後立刻達到光速 80% 的速度

眾所周知，M87中心的超巨大黑洞旁邊
有一種所謂噴流的高能量氣體噴出。根據日韓聯合
無線電波觀測，發現M87的噴流在噴出後會立刻加速到光速的80%。
對於目前仍未解開的噴流噴出機制，這個觀測結果可以說
又邁出了一大步。這項成果見諸2016年3月15日的
日本天文學會春季年會上的報告。

協助 │ 秦 和弘
日本國立天文臺水澤VLBI觀測所助理教授

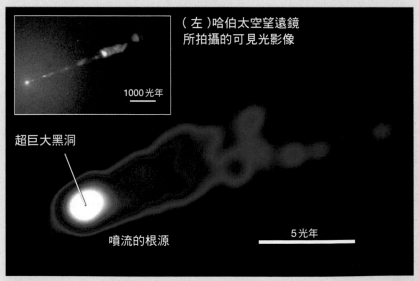

（左）哈伯太空望遠鏡
所拍攝的可見光影像

1000光年

超巨大黑洞

噴流的根源

5光年

距離活躍星系M87中心的超巨大黑洞不到10光年的地方，研究人員首次準確地捕捉到噴流的運動情況。

在眾多活躍星系中，距離地球約5000萬光年的M87是目前觀測到活動最劇烈的星系，其中心存在有質量約太陽65億倍的超巨大黑洞。

黑洞通常被認為只會吞噬周圍的物質，但有時它也會以光束狀噴出已電離的電漿狀態氣體，像這樣的噴出物就稱為「噴流」。從M87的超巨大黑洞噴出的噴流，已經證實延伸至大約5500光年的長度。

此外，從地球上觀測這個噴流的運動時，會發現其表面速度超過光速。眾所周知，光速是自然界最高的速度，所以實際上噴流速度並沒有超越光速。當噴流以接近光速的速度朝向地球噴出時，就會讓人產生這種「錯覺」。

超巨大黑洞具有強大的重力。儘管如此，噴流卻能擺脫重力，以極快的速度噴出，這其中的機制目前仍不得而知，因此成為現代天文學的一大難題，人們對此爭論了近半個世紀。從理論上來看，有可能是由於超巨大黑洞產生的磁場等因素影響，才使得噴流得以噴出。

根據迄今為止的觀測結果，噴流表面速度超過光速的情況，並非在超巨大黑洞附近，而是在距離超過100光年的「下游處」發生。一般認為，在距離噴流剛噴出不到10光年的區域，速度相對較慢，只有光速的10～30%；但透過這次日韓聯合研究團隊的觀測，發現即使在距離噴出點不到5光年的地方，噴流表面速度也超過光速。據說這時噴流的實際速度達到光速的80%。這次的成果想必將會成為解開噴流機制之謎的重要線索。

使高頻率觀測化為可能的專用觀測網

　　日本和韓國設置的7座無線電波望遠鏡所組成的日韓聯合VLBI觀測網（KaVA），在首度進行正式觀測時取得了這項成果。VLBI是Very Long Baseline Interferometry（超長基線電波干涉儀）的縮寫，這是一種利用多座無線電波望遠鏡同時進行觀測的技術。將多座無線電波望遠鏡的接收訊號重疊在一起，就能產生相當於一座巨型無線電波望遠鏡進行觀測的解析度。

　　目前全世界有數座正在進行VLBI觀測的無線電波望遠鏡，但由於這些望遠鏡也有其他的觀測任務，因此可以分配給VLBI觀測的時間不多。以往M87的噴流只能以數月至半年一次的頻率進行觀測，不過參與KaVA的所有無線電波望遠鏡都是專門用於觀測VLBI，因此能夠以2至3週一次的高頻率進行觀測，使我們得以準確地追蹤噴流的運動。

　　參與觀測的日本國立天文臺的秦和弘助理教授表示：「今後我們將朝更精細、更少雜訊的觀測努力，這樣應該就能更詳細地了解噴流的變化情況。」

（撰文：荒舩良孝）

日韓聯合VLBI觀測網及觀測結果

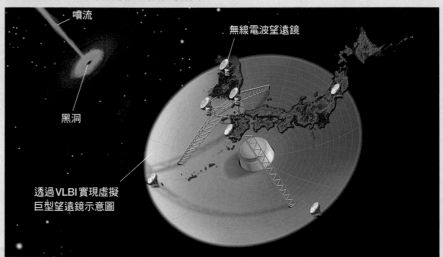

噴流

黑洞

無線電波望遠鏡

透過VLBI實現虛擬巨型望遠鏡示意圖

🪐補充介紹！
黑洞的確切位置在哪裡？

　　目前，無線電波望遠鏡已經成功地直接拍攝到黑洞的影像，然而在觀測到噴流時，噴流的根源附近依舊顯得模糊不清，所以關於黑洞位於觀測影像的哪個位置仍然存在爭議。

　　秦和弘助理教授等人的研究團隊，在2011年利用美國的「VLBA」（超長基線干涉陣列）這樣的VLBI技術，結合創新的想法，成功地確認巨大星系M87中心的黑洞位置（該成果已於英國科學雜誌《Nature》2011年9月6日一期發表）。

　　理論上，觀測的無線電波波長愈短，可觀測的位置就愈朝根源偏移，一旦不再偏移，那裡即為黑洞所在位置，因此秦助理教授等人使用了6種波長的無線電波來觀測噴流的根源。觀測結果顯示，波長7毫米的無線電波，偏移基本已經收斂，可以得知黑洞距離噴流根源（最亮的部分）回溯僅0.02光年（相當於黑洞預估直徑的7倍）的地方，據說定位精度是黑洞直徑的2倍。

　　2019年4月，EHT使用波長1.3毫米的無線電波進行觀測，並公布隱藏在噴流根源的黑洞影像。

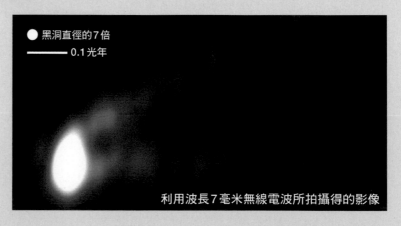

● 黑洞直徑的7倍

—— 0.1光年

利用波長7毫米無線電波所拍攝得的影像

4 超巨大黑洞的謎團

我們在第2章介紹了恆星質量黑洞是由超新星爆炸所產生的，但關於超巨大黑洞的形成機制，目前還沒有定論。黑洞的演化被認為與星系的演化也有密切的關係，第4章我們將探討這個難題。

協助　梅村雅之／海老澤 研／本間希樹

在宇宙誕生的極早期，就已經存在超巨大黑洞的謎團

幾乎每個星系的中心都存在著超巨大黑洞，這些黑洞到底是如何形成的呢？

如第 2 章所述，已知恆星質量黑洞是恆星在生命週期的最終階段引發超新星爆炸所形成的。

然而，我們仍對如何形成太陽數十億倍質量的超巨大黑洞這樣的天文現象一無所悉，巨大黑洞的形成過程無法只靠恆星的生命週期來解釋。

根據近年來的觀測，超巨大黑

宇宙誕生僅僅 7.47 億歲，超巨大黑洞就已形成

目前已發現的最遠類星體，是位於波江座方向，距離地球 131.3 億光年，紅移 7.642（距離宇宙誕生 6.7 億年）的「J0313-1806」。這個類星體的超巨大黑洞，質量約為太陽的 16 億倍。

洞在宇宙誕生後7億年就已經存在了。由於光（電磁波）的速度有限，需要一段時間才能到達，因此用望遠鏡觀測遙遠的宇宙，就相當於觀測過去的宇宙樣貌。

在宇宙年齡6.7億歲的時代，發現了質量為太陽16億倍的黑洞；在約8.7億歲的時代，發現了質量為太陽120億倍的黑洞。**從138億年的宇宙歷史來看，**

這樣的時間非常短暫，在如此短暫的時間裡，究竟是怎樣形成如此巨大的黑洞呢？這可以說在思考初期的形成過程時必須面對的重要限制條件。

J0313-1806 想像圖

黑洞的「種子」	# 超巨大黑洞的「種子」是什麼呢？

說 起來，超巨大黑洞最初是從怎樣的黑洞開始形成的呢？被認為是超巨大黑洞起源的候選「種子黑洞」，大致可以分為兩種。

一種是恆星生命週期最終階段留下的恆星質量黑洞※（1）；另一種是巨大氣體雲「直接塌縮」而形成的中等質量黑洞（2）。

能夠形成超巨大黑洞種子的第一候選者是「初代恆星（第一代恆星）」，據說在宇宙誕生約3億年的時候，初代恆星就已經存在。初代恆星十分巨大，其質量被認為是太陽質量的數十倍至百倍，甚至也有可能高達約千倍。如此重的初代恆星很快便走到生命的盡頭，形成質量為太陽數倍至百倍的黑洞。

如果恆星是以高密度星團的形式誕生，那麼就能夠透過恆星之間的合併而形成大質量恆星，這些質量巨大的恆星有可能發展成所謂的種子黑洞，未來有望成長為超巨大黑洞（第105頁）。

另一方面，氣體雲「直接塌縮」的機制是什麼呢？在宇宙早期滿足特殊條件的氣體雲中，內部成長的氣體雲有可能會凝聚成太陽質量萬倍至百萬倍的「超大質量恆星」。這些雖然稱為「恆星」，卻像普通恆星一樣迅速進行核融合，很快地塌縮成黑洞，隨後立刻吞噬周圍的氣體，一下子變成質量為太陽十萬至百萬倍的黑洞。

要引發這種直接塌縮，氣體雲必須大量凝聚，而不是在初期階段形成恆星。針對這個機制，有人提出諸如「輻射阻力」（物體在光線中移動而產生的阻力，參照右圖說明）或是紫外線使氣體難以冷卻的效應等觀點。

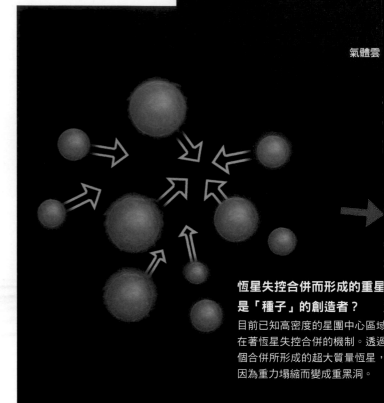

氣體雲

恆星失控合併而形成的重星是「種子」的創造者？

目前已知高密度的星團中心區域存在著恆星失控合併的機制。透過個合併所形成的超大質量恆星，因為重力塌縮而變成重黑洞。

2. 氣體雲直接塌縮形成「種子」？

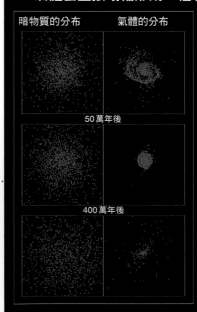

暗物質的分布	氣體的分布
50萬年後	
400萬年後	

1990年代，哈佛大學的勒布博士（Abraham Loeb，1962～）提出了一種在宇宙早期透過氣體雲的直接塌縮而形成中等質量黑洞的機制，勒布博士、特納博士（Edwin L. Turner）和筑波大學的梅村雅之教授透過模擬展示這個過程，左圖是梅村博士的模擬。氣體雲內形成圓盤，恆星在圓盤內部誕生，恆星釋放出紫外線導致氣體電離。此時，距離宇宙「放晴」（從誕生後約30萬年後，光開始自由移動）約30萬年，整個宇宙充斥大量的「宇宙微波背景輻射」（cosmic microwave background radiation），使得電離的氣體受到「輻射阻力」影響，造成失去角動量（第106頁）的氣體落入圓盤中心區域，形成超大質量恆星，這顆恆星將在宇宙年齡約10萬分之1的時間內演化成為中等質量黑洞。

初代恆星是「種子」的創造者？

形成初代恆星的氣體雲中，幾乎不包含氫分子以外的分子，因此很難透過發光來進行冷卻。這表示氣體雲如果不夠巨大，就無法形成恆星，比較容易形成大質量恆星。

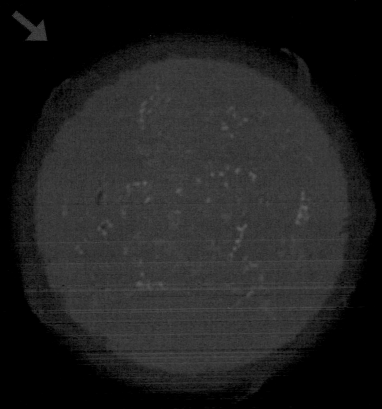

大質量恆星

黑洞

●補充介紹！
按照質量區分初代恆星的命運

目前有許多研究都在探討初代恆星具有多少質量，但還沒有找到答案，有人認為質量可能是太陽的數十倍到百倍。

有個著名的理論研究顯示，不同質量的初代恆星分別會迎來什麼樣的結局。根據這個理論，如果初代恆星的質量為太陽的25倍至40倍，當核融合的燃料耗盡時，會由於重力塌縮而引發超新星爆炸，之後只留下黑洞，這時候的黑洞質量大約是太陽的數倍至數十倍。

如果初代恆星的質量介於太陽的40倍～140倍之間，或者超過260倍，那麼在核融合的燃料耗盡後，不會發生超新星爆炸，而是直接被重力塌縮成黑洞，這個黑洞的質量大約是太陽的數十到數百倍。

如果初代恆星的質量介於太陽的140倍～260倍之間，雖會發生超新星爆炸，但之後什麼都不會留下，據說這是因為中心區域的溫度過高，「光子」取代了成對的「電子」和「正電子」，恆星由於失去支撐的光壓而一口氣整個炸飛。

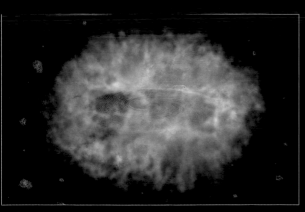

2016年5月，NASA根據「錢德拉」、「哈伯」和「史匹哲」這三座望遠鏡的觀測資料，公布在不到5億歲的早期宇宙中，可能存在著因氣體雲直接塌縮而形成的種子黑洞。左邊影像的藍色天體就是其中之一，上圖是氣體雲中的種子黑洞示意圖。

※：從第1章開始就多次介紹過，恆星質量黑洞的質量為「太陽的數倍～數十倍」，但本章卻將恆星質量黑洞定義為「恆星死亡而誕生的黑洞」，並根據其形成機制來區分。其中也包括比宇宙現有的恆星更重的初代恆星所留下的黑洞，理論上其質量可以根據恆星質量達到太陽的數倍至數百倍，但一般認為，即使是初代恆星所留下的黑洞，質量通常也只有太陽的數十倍至百倍左右。

於「暗物質暈」之中 誕生的第一代恆星

目前已知星系和星系團被一種名為「暗物質」（dark matter）的神祕物質完全包圍。研究人員認為，恆星和星系是在暗物質的團塊「暗物質暈」（dark matter halo）中心附近形成的。

下圖1～4分別描繪恆星在暗物質團塊內的誕生過程。在約138億年前剛誕生不久的宇宙空間中，暗物

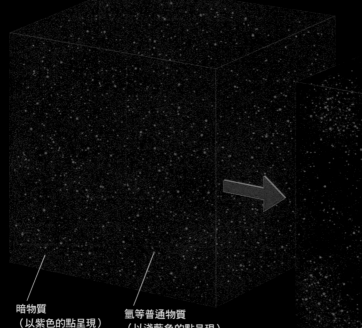

1. 物質幾乎均勻分布

在約138億年前宇宙誕生之時，暗物質和普通物質（氫氣等）幾乎均勻地分布在整個宇宙中。不過兩者並非完全均勻，而是有著細微的濃淡差異。

暗物質
（以紫色的點呈現）

氫等普通物質
（以淺藍色的點呈現）

2. 物質開始聚集

稍微濃密（重力稍強）的地方，暗物質和普通物質開始聚集，使得物質的濃淡差異逐漸擴大。

⊙ 最初的恆星在暗物質暈中誕生

圖中顯示在暗物質的團塊（暗物質暈）內，恆星從高濃度聚集的物質（氣體雲）中誕生的過程，第一代恆星（初代恆星）在主要由氫組成的濃密氣體雲中誕生。據說宇宙中最初的恆星是在宇宙誕生後的數億年內形成。

第一代恆星的壽命只有約300萬年，隨即引發所謂的「超新星爆炸」，使得氫、氦以及恆星內部合成的其他元素散布到周圍環境當中。以這些元素為材料，之後於濃密的氣體雲中相繼誕生出新的恆星。在宇宙誕生8億年後（約130億年前），恆星聚集在一起，形成了早期的星系。

質和普通物質被認為幾乎均勻分布
（1）。不過兩者並非完全均勻，而
是有著細微的濃淡差異。

暗物質略微濃密的部分，重力比
周圍略強一些。重力強的地方會將
周圍的物質吸引過來，這使得物質
紛紛聚集到暗物質略微濃密的地方
（2）。

隨著暗物質聚集到一定程度，就
會形成團塊（暗物質量）。小（輕）
的暗物質量相互合併，逐漸成長為

大（重）的暗物質量（3）。一般認
為，氫等物質以高溫稀薄氣體的形
式遍布整個暗物質量。

已知遍布在暗物質量中的高溫氣
體會向周圍釋放能量（電磁波），
逐漸冷卻下來。氣體冷卻後便朝暗
物質量的中心附近聚集，這些就成
了創造恆星的材料。最初的恆星就
這樣在暗物質量中心形成的濃密氣
體雲中誕生（4）。

根據模擬，如果宇宙中沒有暗物

質的話，大概需要更多的時間才能
聚集足夠多的物質來形成恆星。從
宇宙誕生到現在只有138億年，卻
已經出現了各式各樣的星系，形成
「熱鬧」的宇宙，這全是因為有暗
物質的存在。我們今天得以存在於
此，也可以說是拜暗物質所賜。

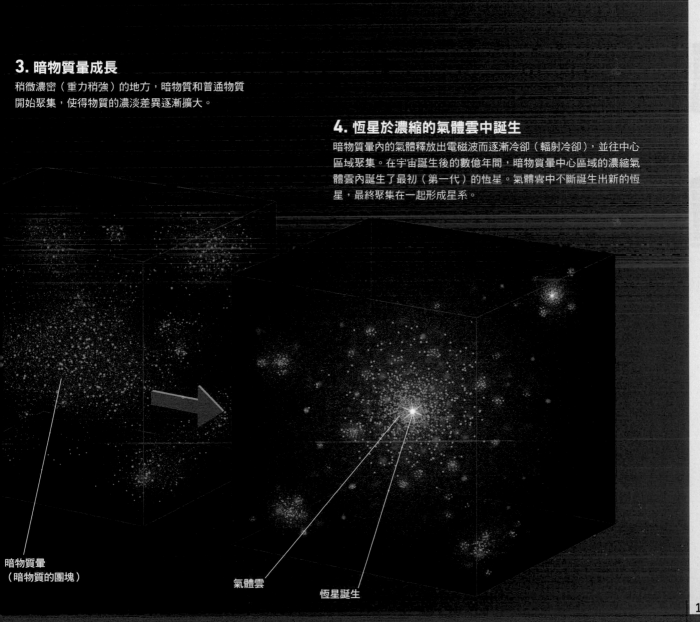

3. 暗物質量成長
稍微濃密（重力稍強）的地方，暗物質和普通物質
開始聚集，使得物質的濃淡差異逐漸擴大。

4. 恆星於濃縮的氣體雲中誕生
暗物質量內的氣體釋放出電磁波而逐漸冷卻（輻射冷卻），並往中心
區域聚集。在宇宙誕生後的數億年間，暗物質量中心區域的濃縮氣
體雲內誕生了最初（第一代）的恆星。氣體雲中不斷誕生出新的恆
星，最終聚集在一起形成星系。

暗物質量
（暗物質的團塊）

氣體雲

恆星誕生

「第3種黑洞」是否存在？

現在雖然已經觀測到質量為太陽數倍至數十倍的恆星質量黑洞，以及質量為太陽100萬倍至10億倍的超巨大黑洞，但介於這兩者之間的中等質量黑洞卻幾乎沒有發現，就連原因也不得而知。

極亮X射線源（Ultra Luminous X Ray Resources，ULX）被視為具備中等質量的黑洞候選，自1990年代開始受到關注。ULX是一種以X射線發出約恆星質量黑洞100倍亮度的天體，聯星系統的黑洞質量愈大，X射線發出的亮度就愈明亮，因此根據估計，ULX擁有比一般黑洞高數百倍的質量。右頁的影像是1999年發現的中等質量黑洞候選星系「M82」。

不過，「ULX是中等質量」這個假設是根據ULX的亮度來推斷，並非針對質量本身進行測量。支持ULX第2種假設的日本宇宙航空研究開發機構的海老澤研教授說：「人們過去一直認為，吸積盤發出的光之亮度，存在著由質量決定的極限※。圓盤的亮度會隨著黑洞吸收氣體的流量而增加，但吸收的流量是有極限的，然而我認為即使是以往恆星質量等級的黑洞，也可能存在著能夠發出超越極限之X射線的特殊吸積盤。若要確認ULX的真實面貌，就必須從周圍恆星的運動來推測黑洞質量，而不是從亮度來估計。」

專門研究星系和超巨大黑洞演化的日本筑波大學梅村雅之教授則指出：「壽命愈短暫的物體，被觀測到的機率就愈低。中等質量黑洞之所以沒有被發現，或許是因為它很快就會合併成質量約為太陽1萬倍的巨大黑洞。」

倘若中等質量黑洞確實存在，根據模擬預測，它將互相吸引並不斷合併，最終有可能形成星系中心的黑洞。

※：稱為「愛丁頓極限」（Eddington limit）。

比聯星系統的黑洞還要明亮100倍的X射線源是什麼？

目前有兩種關於ULX真實樣貌的假設，只是尚未得出哪一種才是正確的結論，如果今後能夠成功地測量ULX的亮度和質量，就有望得出結論。

2001年觀測到的ULX
（極亮X射線源）
白色天體以X射線發出約為以往黑洞100倍的亮度。

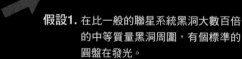

假設1. 在比一般的聯星系統黑洞大數百倍的中等質量黑洞周圍，有個標準的圓盤在發光。

假設2. 在略重的聯星系統黑洞周圍，存在著異常明亮的吸積盤。

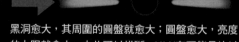

黑洞愈大，其周圍的圓盤就愈大；圓盤愈大，亮度的上限就愈大。由此可以推斷，ULX有可能是比以往的聯星系統黑洞大上數百倍的中等質量黑洞。

通常的聯星系統黑洞發光上限是根據圓盤的大小而定，然而，一旦圓盤變得比以往的聯星系統黑洞更厚，那麼即使是聯星系統黑洞，也能夠發出超越正常極限10倍亮度的光。在這種情況下，黑洞的質量會比以往的聯星系統黑洞略重一些，大約是太陽質量的30倍。

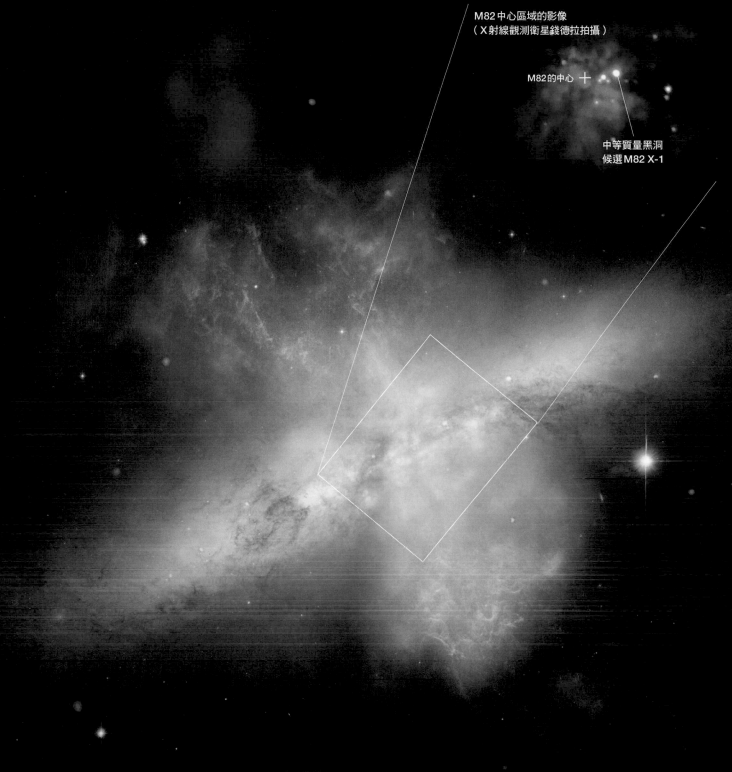

M82中心區域的影像
（X射線觀測衛星錢德拉拍攝）

M82的中心 ✛

中等質量黑洞
候選 M82 X-1

星爆星系M82中隱藏著中等質量黑洞的「第一候選」

這是根據不同波長拍攝的M82資料組合而成的影像，M82是有「星爆星系」（爆發性恆星形成星系）之稱的星系。重星在生命週期最終階段引發超新星爆炸，使得氣體從星系圓盤中心附近朝兩極方向噴出，星系本身呈現標準的透鏡形狀。

　　1999年，日本名古屋大學的松本浩典副教授和日本京都大學的鶴剛教授等人報告，距離M82中心約500光年處的X射線源是「中等質量黑洞」。其後，使用昂星團望遠鏡進行觀測，也發現中等質量黑洞的周圍存在著相對年輕的星團。

　　2004年，日本理化學研究所的戎崎俊一和牧野淳一郎等人根據這些發現，提出以下超巨大黑洞形成的劇本。首先，由於星系互相接近或碰撞等原因，而發生星爆（爆發性恆星形成），一下子形成大量的高密度星團。在星團中的重星落入中心，並從這些合併形成的恆星中誕生中等質量黑洞。這個中等質量黑洞隨著星團一起落入星系中心，星團受到潮汐力等因素破壞，恆星形成核球。另一方面，黑洞不斷合併，最終形成超巨大黑洞，這就是整個過程。

透過合併一口氣變胖和吸收氣體變胖的方法

「**種**子黑洞」形成之後，怎樣才能成長到超巨大黑洞的程度呢？**黑洞的成長方式大致可以分為兩種，一種是黑洞之間受到重力相互吸引合併的方式（1），另一種是黑洞吞噬周圍的氣體或恆星等物質的方式（2）。**

事實上，據說超巨大黑洞大部分質量都是在成長的最終階段，透過「吞噬氣體」的方式來獲得[※1]。但是在達到最終階段之前，黑洞是在哪裡透過什麼方式成長，目前尚未得到統一的見解。

吞噬氣體或合併這兩種方法，乍看之下似乎都很容易實現。畢竟黑洞這種天體具有強大的重力，連光都能夠吞噬，但實際上並沒有那麼簡單。

首先，宇宙中幾乎所有的天體都在旋轉，都受到離心力的影響。為了讓氣體和天體能夠聚集在緊密的區域，需要一種能夠削弱旋轉量能（稱為「角動量」）的機制。

此外，黑洞在宇宙中屬於非常微小的天體（只有相同質量恆星不到10萬分之1的半徑），即使兩個星系發生碰撞，黑洞在星系內相遇的機率也微乎其微。何況就算黑洞碰巧相遇，並在彼此的重力作用下靠近，它們也會先形成互相繞行的聯星，並處於穩定的狀態[※2]。只有當這個聯星因為某種作用而接近到數千公里的距離（以恆星質量黑洞為例）時，才會發出「重力波」相互靠近合併。

再者，最終形成的超巨大黑洞必須位於星系的中心，且質量必須與星系的核球有著密切的關係（第52頁）。

下一單元我們將繼續探討黑洞的合併過程。

星系中心的黑洞是透過合併和吞噬氣體而變得愈來愈大

圖示為黑洞如何變大的過程。一般認為有黑洞之間的合併（1）和吞噬氣體等物質（2）這兩種成長方式。然而，諸如「在星系中微不足道的黑洞如何能夠不斷碰撞及合併？」「吞噬的氣體來自哪裡，如何提供？」「為什麼幾乎所有的星系中心只有一個巨大黑洞？」等細節，至今仍不得而知。

被黑洞吸引過來的氣體，在旋轉的同時形成圓盤狀結構

※1：根據「類星體」（擁有中心區域處於活躍狀態的超巨大黑洞）的亮度，可以用來估計類星體吞噬了多少氣體。若將宇宙中觀測到的所有類星體亮度加總起來，就會得到與全宇宙所有黑洞之質量幾乎相等的數值。根據這個觀點，有個名為「索爾坦論述」（Soltan argument）的主張，認為現今黑洞的總質量絕大部分都是在類星體的階段，也就是透過吞噬氣體而增加的。

※2：黑洞之間的聯星比擁有氣體外層的恆星聯星更加穩定。

1. 黑洞之間的合併

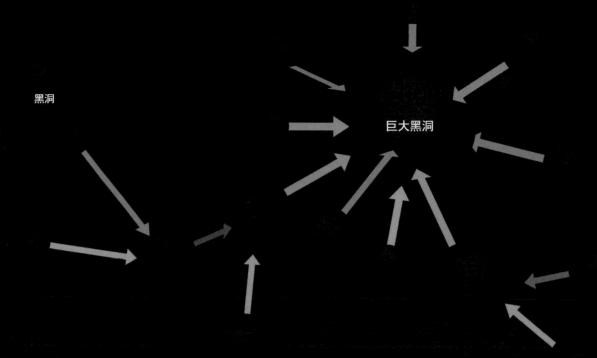

黑洞

巨大黑洞

2. 吞噬周圍的氣體

巨大黑洞

遭黑洞吞噬的物質

黑洞在釋放重力波的同時進行合併

「**重**力波」（gravitational wave）是愛因斯坦的廣義相對論所預測的眾多現象之一。廣義相對論認為「重力來自於時空的彎曲」，根據這個理論，擁有質量的物體在運動等情況下，物質和能量的分布會改變，從而改變時空的彎曲。時空彎曲的變化會以「波」的形式傳播在時空當中，而這種波就是重力波。

日本時間2016年2月12日凌晨，有一則新聞傳遍了全世界，那就是美國的重力波觀測裝置「LIGO」，成功地直接觀測到時空的漣漪「重力波」。

由於是在2015年9月14日偵測到的，因此科學家將之命名為「GW150914」。**這個重力波被認為是由兩個彼此環繞的黑洞碰撞和合併時所產生的**，根據計算，這兩個黑洞的質量分別是太陽的29倍和36倍，據說兩者合併後形成一個質量為太陽62倍的黑洞。**合併過程中丟失相當於3個太陽（＝29＋36－62）的質量，並轉化為龐大的能量**[※]**，以重力波的形式釋放出來**。根據LIGO發布的資訊，該重力波每秒釋放的能量，據說最高一度達到肉眼可見的整個宇宙每秒釋放的可見光能量50倍。這個重力波的源頭被認為是在大麥哲倫星系方向，而且距離地球約13億光年的地方。

LIGO偵測到這個重力波具有重大的意義，這不僅是人類有史以來首度直接偵測到重力波，也是第一次直接證實黑洞的存在，同時還首次向我們展示黑洞合併，以及存在著大約有30個太陽質量、恆星質量黑洞中較重的黑洞。

※：根據愛因斯坦的著名公式「$E=mc^2$」，物質的質量（m）和能量（E）可以相互轉換，也就是說兩者是相同的東西（c是光速）。

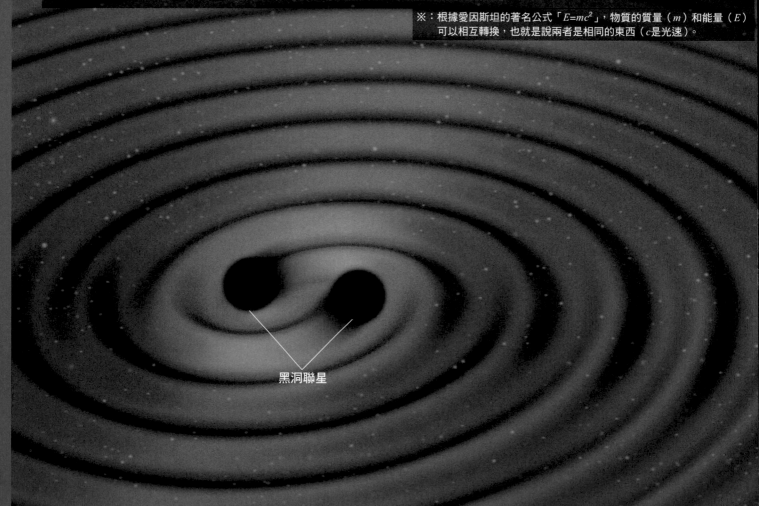

黑洞聯星

在重力波下伸縮的空間

重力波是將時空的彎曲變化以波的形式在時空中傳播的現象。當重力波通過時空，空間會反覆發生「縱向延伸而橫向收縮」、「恢復原狀」、「橫向延伸而縱向收縮」、「恢復原狀」等變化。

重力波的傳播方向

正常的空間 　縱向延伸而橫向收縮的空間　 正常的空間 　橫向延伸而縱向收縮的空間　 正常的空間 　縱向延伸而橫向收縮的空間　 正常的空間

地球

太陽

成功地直接觀測到時空的漣漪「重力波」！

插圖是發出重力波的「黑洞聯星」示意圖。像黑洞這樣的天體以高速運動時，空間的扭曲會以重力波的形式向周圍擴散（實際上，重力波不僅在平面內傳播，還會向四面八方擴散）。黑洞聯星逐漸靠近，最終合併成一體，在那一刻會產生更強大的重力波。

LIGO 實際偵測到的空間伸縮

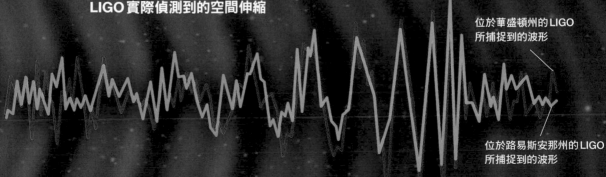

位於華盛頓州的 LIGO 所捕捉到的波形

位於路易斯安那州的 LIGO 所捕捉到的波形

上方波形是LIGO實際觀測到的重力波（空間伸縮的大小）。LIGO設置於美國的路易斯安那州和華盛頓州兩個地點，兩地的設備都偵測到幾乎相同形狀的波，因此可以肯定地做出已偵測到重力波的結論。從波形可以看出，波逐漸變大，達到最大值後又迅速變小。一般認為兩個黑洞在出現這個最大波形的那一刻已經合併。

重力波天文學
的開端

利用捕捉「時空漣漪」的「重力波天文學」，首次觀測到新型態的黑洞

從古代到現代，天文學都是利用捕捉來自宇宙的光（電磁波）以研究宇宙和天體性質的學問，然而到了20世紀後期，又開啟了一個捕捉宇宙線（cosmic ray）和微中子（neutrino）等「基本粒子」的新天文學領域。人類除了用光來觀察宇宙的「眼睛」之外，還獲得了藉基本粒子來觀察宇宙的新「眼睛」。

到了21世紀，人類又得到捕捉宇宙的「第三隻眼」，那就是重力波。重力波是完成廣義相對論的愛因斯坦（Albert Einstein，1879～1955）於1916年所預言的現象，當重力強大的天體運動造成重力場大幅變動時，這個變動會以「時空扭曲」的形式，以光速傳播到宇宙當中。

開創未來的「多信使天文學」

重力波所造成的時空扭曲是非常細微的變化，只相當於太陽和地球之間的距離伸縮一個氫原子的大小，因此要觀測到是相當困難的事。但在2016年，也就是愛因斯坦預言的100年後，美國的「LIGO」和歐洲的「Virgo」這兩座重力波望遠鏡首次成功地偵測到重力波。在距離地球約14億光年的宇宙，捕捉到兩個黑洞合併釋放出來的重力波。這次成功標誌著「重力波天文學」的開始。

截至2021年11月，總共觀測到91起重力波事件（下表）。其中最重要的是發生在2019年5月21日，並於2020年9月2日報告命名為「GW190521」的重力波現象※。**這是由兩個質量分別約為太陽95倍和69倍的黑洞相互碰撞，形成質量約156倍的黑洞時所產生的現象。事實上，過去從未實際觀測到質量約為太陽100倍的「中等質量黑洞」，這是有史以來首次觀測到的例子。**

2023年5月，LIGO、Virgo和日本的「KAGRA」進一步提升重力波的偵測靈敏度，並開始第4期的觀測。利用光、基本粒子和重力波同時觀察宇宙的「多信使天文學」，想必未來將會愈趨重要。

※：LIGO官網（https://www.ligo.org/detections/GW190521.php）

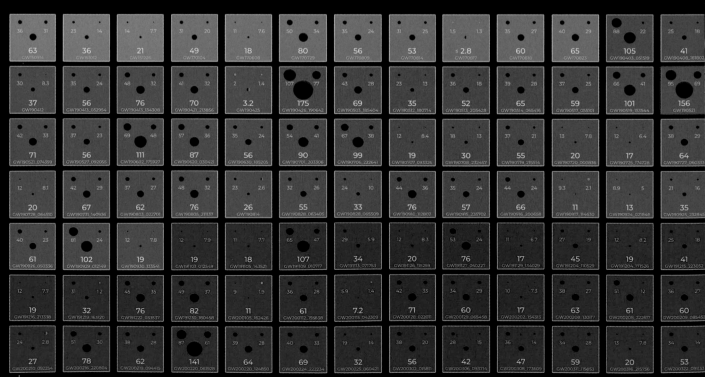

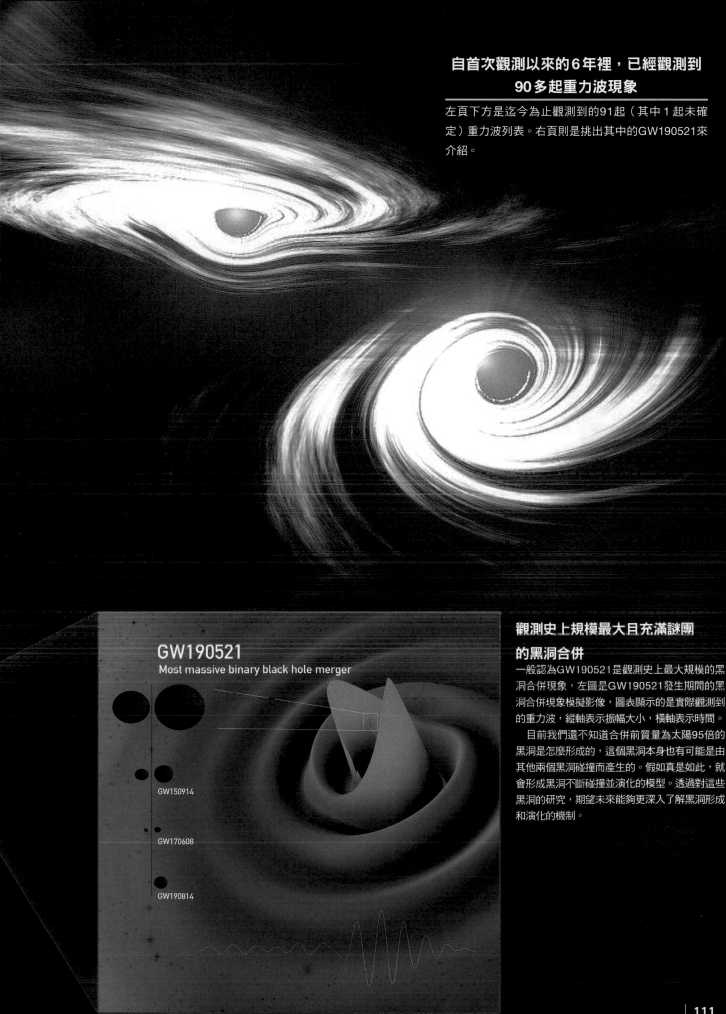

自首次觀測以來的6年裡，已經觀測到90多起重力波現象

左頁下方是迄今為止觀測到的91起（其中1起未確定）重力波列表。右頁則是挑出其中的GW190521來介紹。

GW190521
Most massive binary black hole merger

GW150914

GW170608

GW190814

觀測史上規模最大且充滿謎團的黑洞合併

一般認為GW190521是觀測史上最大規模的黑洞合併現象，左圖是GW190521發生期間的黑洞合併現象模擬影像，圖表顯示的是實際觀測到的重力波，縱軸表示振幅大小，橫軸表示時間。

目前我們還不知道合併前質量為太陽95倍的黑洞是怎麼形成的，這個黑洞本身也有可能是由其他兩個黑洞碰撞而產生的。假如真是如此，就會形成黑洞不斷碰撞並演化的模型。透過對這些黑洞的研究，期望未來能夠更深入了解黑洞形成和演化的機制。

星系的成長和合併是成長的關鍵？

1. 靠近的原始星系

儘管目前還沒有超巨大黑洞形成的明確情節，但LIGO已經確認恆星質量的黑洞會發生合併的情況。讓我們試著思考一下恆星質量的種子黑洞成長為超巨大黑洞的過程。

如第2章（第52頁～第53頁）所述，超巨大黑洞幾乎都位於星系的中心，且質量與母星系的核球質量成正比，這代表星系和黑洞在相互影響的同時不斷地成長。

星系之間的碰撞和合併在宇宙中並不是什麼稀奇之事。星系經由不斷碰撞和合併，歷經數億或數十億年的漫長歲月，從小到大逐漸成長壯大。

在這個過程中，黑洞也可能會發生合併和成長。又或者，可能產生一種能夠有效地向黑洞供應氣體，使其體積增加的機制。

據說黑洞的成長過程會因為所處環境而有著極大差異。梅村教授解釋：「如果黑洞位於高密度的氣體中，那麼重力就會產生類似空氣阻力的效果，使得相距較遠的黑洞有可能相互靠近，從而發生合併。另一方面，如果氣體的密度更高，那麼吸收氣體的成長就會先發生。」

如果未來能夠對星系和超巨大黑洞進行更詳細的觀測，想必就能逐漸解開超巨大黑洞的形成之謎。

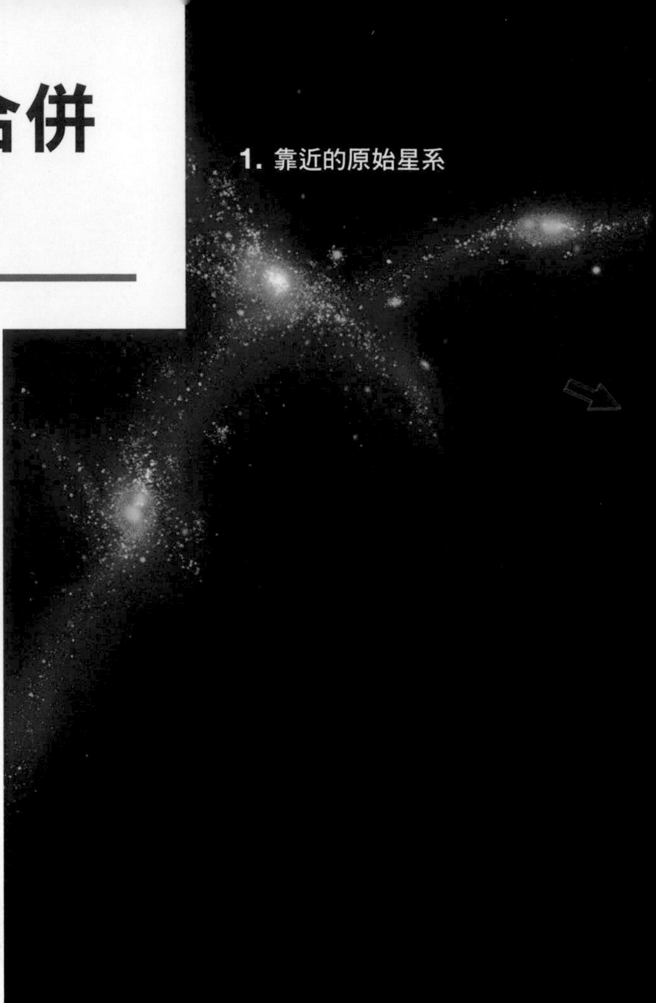

📖 補充介紹！
LIGO 首次觀測到質量為太陽30倍的黑洞是怎麼形成的？

LIGO首次觀測到的兩個黑洞，質量皆約太陽的30倍，屬於一般恆星質量黑洞中比較重的黑洞。究竟這些黑洞是如何形成的呢？

目前有各種不同的理論被提出。其中有一種觀點認為，由大質量初代恆星形成的黑洞聯星，經過很長一段時間才終於合併。兩個黑洞不需要在誕生時即形成聯星，有可能是逐漸靠近而形成。

在偵測到重力波的消息剛公布不久，有人提出另一種觀點，認為這並非一開始就是兩個黑洞，而是從一顆大質量恆星分裂形成的。其實在LIGO偵測到重力波的0.4秒後，美國的 γ 射線觀測衛星「費米」（Fermi）的國際研究團隊也觀測到「γ 射線暴」。這種觀點為 γ 射線來自與重力波相同的天體提供很好的解釋，然而後來的分析結果顯示，這個 γ 射線並非來自於同一個天體。

星系透過反覆的碰撞與合併而成長

右圖所示為小型的原始星系（星系種子）彼此碰撞與合併，最終成長為大型星系的過程（1～4）。

一般認為宇宙中最初形成的是由相對少數的恆星組成的「星系種子」（原始星系）。目前我們仍不清楚它是由多少恆星組成，何時誕生。不過根據天文觀測，在宇宙誕生約3億年後，已經存在足以稱之為星系的物體，這些原始星系藉由重力與附近原始星系互相吸引，反覆碰撞與合併，就這樣逐漸成長為大型的星系。

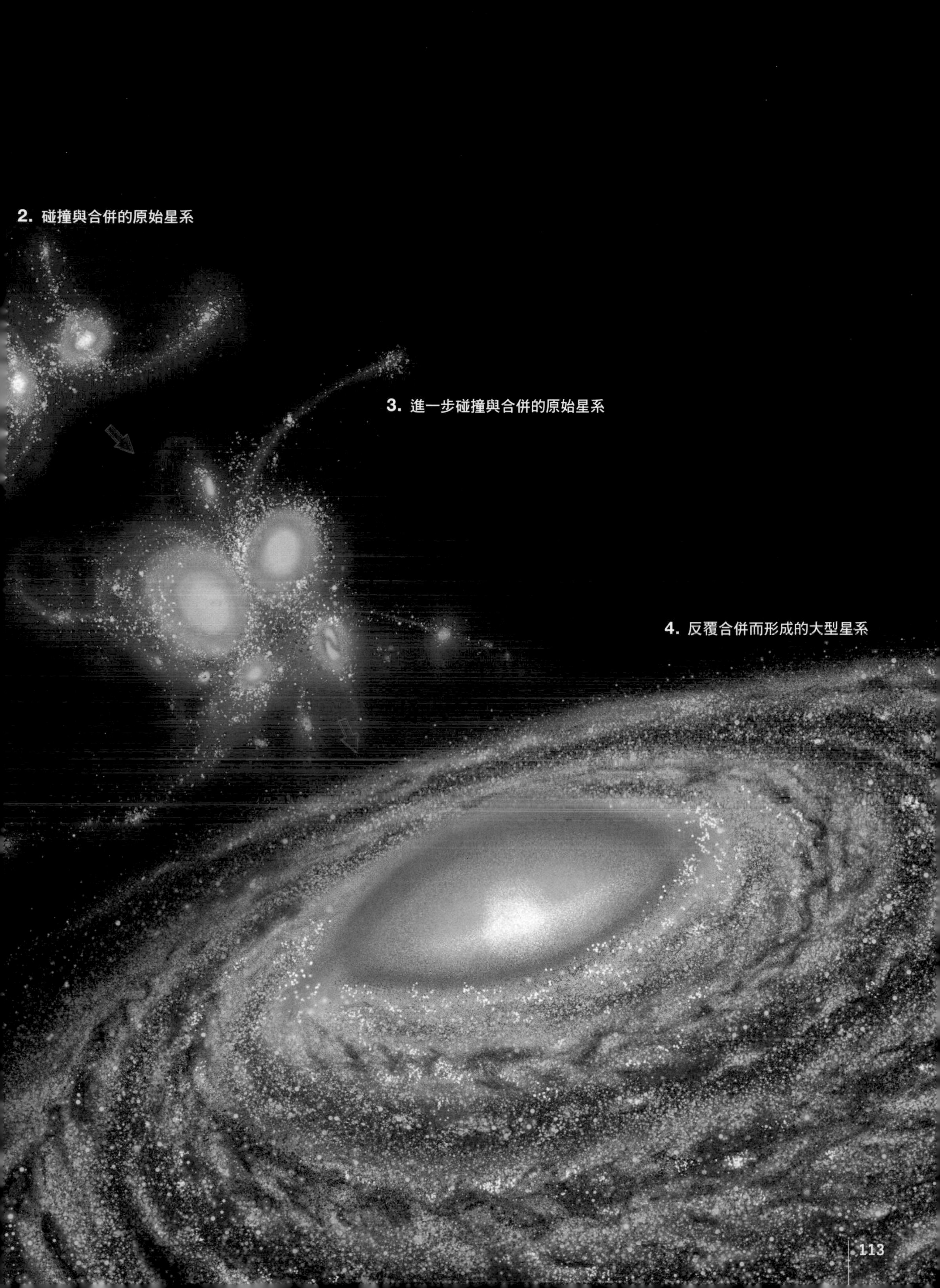

2. 碰撞與合併的原始星系

3. 進一步碰撞與合併的原始星系

4. 反覆合併而形成的大型星系

113

為什麼黑洞的質量會隨著星系核球的質量增加？

星系核球與位於其中心之超巨大黑洞兩者的質量比例，被認為差不多是1000比1。雖說超巨大黑洞的大小仍比星系核球小了好幾位數量級，究竟其中有什麼樣的機制導致這種相關性成立？為什麼黑洞不能繼續成長，並超過核球質量的1000分之1？這些依然是目前尚待解決的問題。梅村教授等人提出一種理論，認為構成核球的恆星之光，會對內部的氣體帶來阻力（輻射阻力），使得正好相當於核球1000分之1質量的氣體落入中心區域。黑洞可能在這些落下的氣體雲中合併，最終吸收氣體，增加到核球1000分之1的質量。

或者，隨著黑洞成長，噴流的噴射變得更強烈，繼而抑制落入黑洞的氣體量，使得成長達到飽和，這個理論是英國希爾克（Joseph Silk，1942～）和里斯（Martin Rees，1942～）兩位博士於1998年所提出的。

噴流等噴射對星系和黑洞的形成所帶來的影響，稱為「活躍星系核」（active galactic nucleus，AGN）反饋，我們至今仍不清楚這種反饋現象的細節。噴射不僅抑制氣體落入黑洞，還透過其強烈的輻射使星系的氣體升溫，從而抑制因氣體收縮所造成的恆星形成。另一方面，也有人指出噴流會壓縮周圍的氣體，有可能促進恆星形成（第126頁～第127頁），只是結論尚未出爐。

AGN反饋的巨大能量不僅影響到母星系，甚至也會波及其他星系。超巨大黑洞的形成問題，與星系和宇宙的演化息息相關，解開這個謎團是天文學中的首要之務。 🪐

外流
（比噴流噴出的範圍更廣）

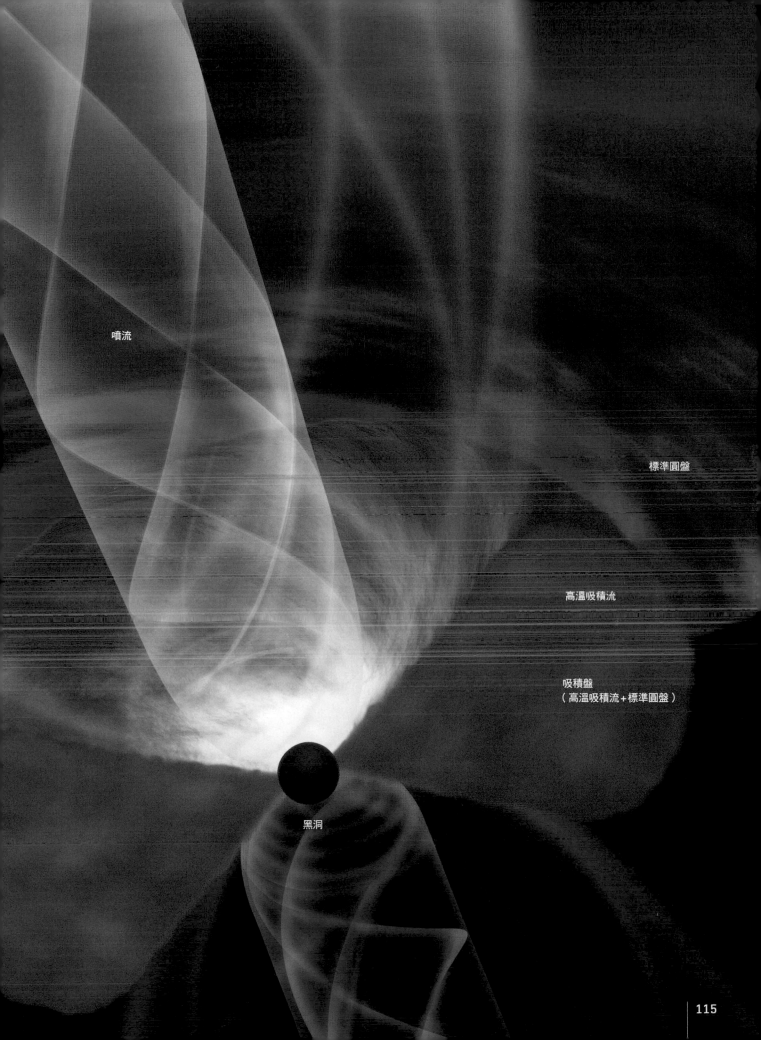

噴流

標準圓盤

高溫吸積流

吸積盤
（高溫吸積流＋標準圓盤）

黑洞

黑洞
最新研究報告

能夠「直接觀測」黑洞的時代已然來臨！
最新的觀測天文學揭開了宇宙「黑色洞穴」的謎團

2010年代，黑洞的觀測研究迎來了一個重大的轉振點。愛因斯坦理論所預言的重力波於2015年被偵測到，從而發現存在著類型未知的黑洞。此外，2017年終於成功地直接拍攝到星系中心的超巨大黑洞。本文將介紹持續探索黑洞之謎的觀測天文學最新進程。

協助　**本間希樹**
日本國立天文臺教授・水澤 VLBI 觀測所長

「這就是人類首次看到的黑洞樣貌——」日本國立天文臺的本間希樹教授在2019年4月10日舉行的記者會上公布了一張影像，同時如此說道。這是一個位於室女座方向、距離地球約5500萬光年的橢圓星系「M87」中心的超巨大黑洞「影」像（右頁小圖）。

此乃日本國立天文臺等全球13個研究機構參與的國際觀測計畫「事件視界望遠鏡」（EHT）於2017年拍攝得的影像。透過全球各地的無線電波望遠鏡同時觀測黑洞，並彙整各地的資料以獲得黑洞本身的無線電波影像，這也就是EHT計畫的宗旨（參照第124頁圖）。

2016年2月，差不多是EHT公布這張影像的三年前，美國的重力波探測器「LIGO」（參照第123頁圖）公布史上首次偵測到「重力波」這個以光速傳播空間扭曲的現象（實際偵測到的時間為2015年）。這個重力波是由距離地球約14億光年的「黑洞聯星」（兩個黑洞相互繞行的天體）合併時釋放出來的。

2020年，三位在黑洞研究方面取得歷史性成就的科學家獲頒諾貝爾物理學獎，其中潘洛斯（Roger Penrose，1931～）更透過數學證明黑洞中心存在著「奇異點」（參照第118頁圖），而根

舍和蓋茲則追蹤於銀河系中心之「人馬座A*」周圍繞行的恆星運動，時間長達20年以上，經過觀測證實人馬座A*是一個黑洞。

由此可見，近年來黑洞的相關研究十分盛行。黑洞是愛因斯坦於1915年發表的「廣義相對論」中預言存在的神祕天體，廣義相對論是有關時空（時間和空間）與重力的物理學理論。

20世紀的天文學藉由間接證據的累積來找尋極有可能是黑洞的天體，然而在廣義相對論提出之後100年的21世紀，黑洞的觀測不僅利用間接證據，更透過直接觀測黑洞附近發生的現象，一步步逼近以往無法知曉的黑洞真實

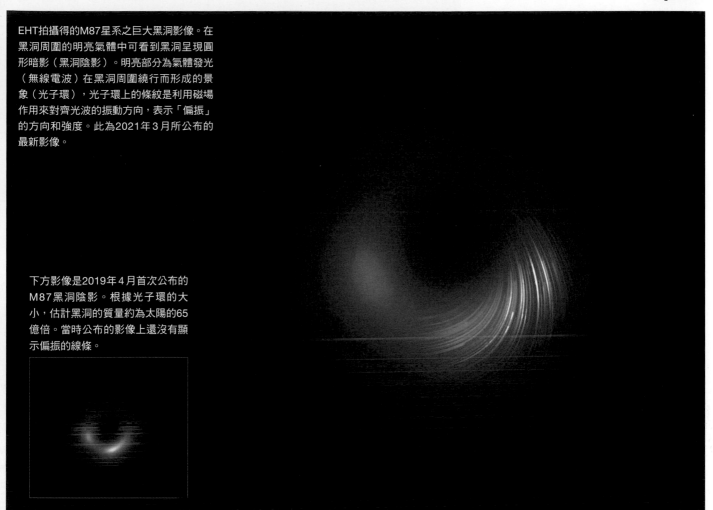

EHT拍攝得的M87星系之巨大黑洞影像。在黑洞周圍的明亮氣體中可看到黑洞呈現圓形暗影（黑洞陰影）。明亮部分為氣體發光（無線電波）在黑洞周圍繞行而形成的景象（光子環），光子環上的條紋是利用磁場作用來對齊光波的振動方向，表示「偏振」的方向和強度。此為2021年3月所公布的最新影像。

下方影像是2019年4月首次公布的M87黑洞陰影。根據光子環的大小，估計黑洞的質量約為太陽的65億倍。當時公布的影像上還沒有顯示偏振的線條。

樣貌。

重星持續塌縮而形成黑洞

黑洞是具有質量的物體壓縮到極限後的最終樣貌（圖解見下一頁）。具體來說，一顆質量超過太陽約20倍的重恆星，會在生命週期的最終階段塌縮變小而形成黑洞。壓縮到極限的物體會產生極強的重力，使周圍的空間強烈扭曲，受到壓縮的物體周圍會形成一個連光都無法逃逸的邊界面（事件視界），任何通過它進入內部的物質都會遭到吞噬。外面絕對無法看見事件視界的內側，

看起來就像是「黑色洞穴」一樣，這就是「黑洞」這個名稱的由來。

在重恆星的中心區域，氫原子會彼此結合變成氦原子，當氫耗盡時，氦原子再彼此結合變成碳原子，這種輕原子彼此結合產生重原子的反應稱為「核融合反應」。恆星內部的核融合反應產生了龐然大量的光和熱能，形成外向的壓力，這一股外向壓力與恆星本身想要收縮的內向重力達到平衡，使恆星的形狀得以維持不變。

隨著核融合反應的階段不斷推進，產生愈來愈多的重原子，直到最終形成鐵原子，之後便不再

產生重原子，核融合反應也隨之停止。於是，失去向外壓力的恆星無法承受自身的重力，開始朝中心急劇收縮，這個現象稱為「重力塌縮」。

如果恆星原本的質量大約是太陽的8～20倍，則位於中心區域的鐵核就會收縮，形成幾乎只由中子組成的堅硬「核心」。恆星外層部分的物質也會落入中心區域，不過會被這個中子「核心」的表面反彈回去，最終引發將整個恆星炸飛的「超新星爆炸」（參見119頁圖），爆炸之後留下「中子星」這個超高密度的中子團塊。中子星透過中子之間所產生的排斥力與想要收縮的重力

保持平衡不變。

如果原本的恆星為質量超過太陽約20倍的重星，那麼就會迎來不同的命運。因為這時收縮的重力會勝過中子之間的排斥力，受到重力塌縮的恆星會持續壓縮，直到大小變成「零」（無限小），最終形成黑洞。

黑洞根據質量來區分等級

黑洞可以根據質量大小分為三個「等級」，分別是「恆星質量黑洞」、「中等質量黑洞」，以及「超大質量黑洞」（超巨大黑洞）。

重恆星最終留下的黑洞，質量約為太陽的3～20倍，稱為「恆星質量黑洞」。這種類型的著名黑洞是1964年發現的「天鵝座X-1」，它距離地球約7200光年，是一個發射強烈X射線的神祕天體。

天鵝座X-1之所以會發射出強烈的X射線，是因為裡面存在著黑洞。不過，強烈的X射線並非從黑洞的事件視界內側，而是從視界周圍的外側區域發射出來的。天鵝座X-1是一個由普通恆星和黑洞組成的「聯星」，恆星不斷地往黑洞輸送氣體，這些氣體在黑洞周圍形成名為「吸積盤」的圓盤（見第120頁圖），圓盤內的氣體受黑洞重力吸引而被拉往中心，溫度提升到攝氏數百萬度以上的超高溫，並發出極其明亮的X射線。

如果來自另一顆恆星的氣體因為某種原因消失，或者單獨的恆星變成恆星質量黑洞，那麼黑洞周圍就不會形成吸積盤。這種情

恆星塌縮後的命運

重恆星發生重力塌縮而形成中子星（圖上）或黑洞（圖下）的整個過程。
黑洞透過其強大的重力使周圍的空間扭曲（右頁下圖）。

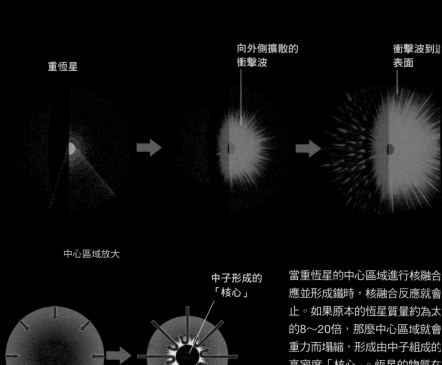

重恆星

向外側擴散的衝擊波

衝擊波到達表面

中心區域放大

中子形成的「核心」

主要由鐵組成的中心區域開始收縮

物質在堅硬的「核心」表面反彈回去

當重恆星的中心區域進行核融合反應並形成鐵時，核融合反應就會停止。如果原本的恆星質量約為太陽的8～20倍，那麼中心區域就會因重力而塌縮，形成由中子組成的高密度「核心」。恆星的物質在堅硬的「核心」表面反彈並產生衝擊波，繼而引發將整顆恆星炸飛的「超新星爆炸」。

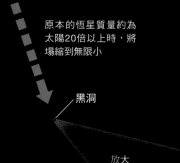

原本的恆星質量約為太陽20倍以上時，將塌縮到無限小

黑洞

放大

事件視界

奇異點

原本的恆星質量約為太陽20倍以上時，整顆恆星就會塌縮到無限小，最終變成黑洞。黑洞的中心區域有個密度無限大的奇異點，周圍被事件視界所包圍。

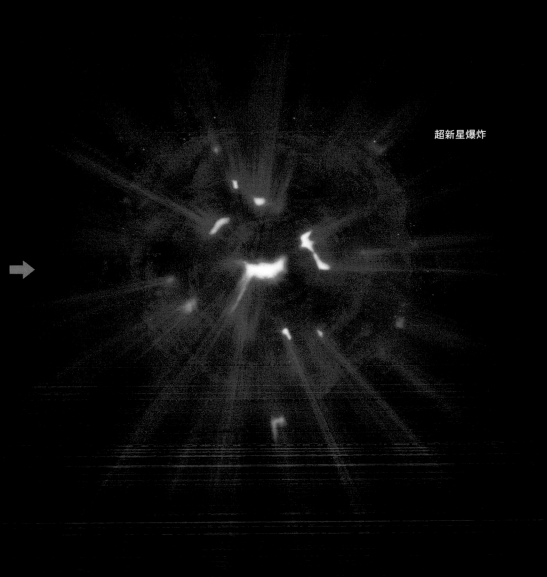

超新星爆炸

中子星

恆星中心核融合反應所產生的元素，由於超新星爆炸而散布到宇宙空間中，只留下中子星。從鐵核開始重力塌縮到引發超新星爆炸，據說整個過程只需大約1秒的時間。

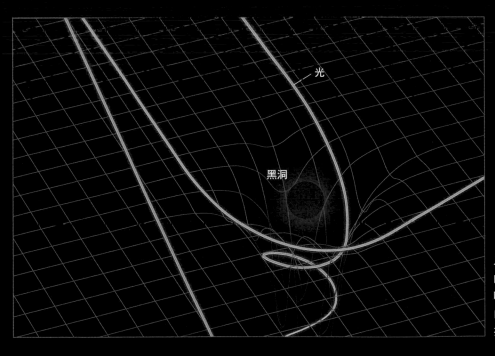

光

黑洞

以2維平面來呈現黑洞周圍空間的扭曲。經過附近的光會被黑洞吸引而改變路徑，進入事件視界內側的光會被強烈扭曲的空間捕捉，再也無法逃脫。

況下不會發出明亮的X射線，因此幾乎不可能透過觀測發現，這就是為什麼目前發現的恆星質量黑洞幾乎都是發出X射線的聯星系統（X射線聯星）。

超大質量黑洞的誕生之謎

另一方面，像EHT拍攝的位於M87星系中心或銀河系中心人馬座A*這類所謂的「超大質量黑洞」，質量遠比恆星質量黑洞要大得多，可達太陽的數百萬至數十億倍。一般星系的質量為太陽的數千億倍，因此單單一個超大質量黑洞的質量最大便足以占據整個星系的1%。M87中心的黑洞質量估計約為太陽的65億倍；人馬座A*的質量估計約為太陽的360萬倍。

超大質量黑洞也分為具有吸積盤和不具吸積盤兩種類型。當超大質量黑洞的周圍存在大量物質時，落入黑洞的物質會形成吸積盤，並以相當於該黑洞所在的整個星系甚至更高的亮度釋放出強烈的X射線、可見光和無線電波等各種波長的電磁波。此外，許多超大質量黑洞還會沿著吸積盤的旋轉軸方向噴出稱為「噴流」的高速物質流。這種活躍的超大質量黑洞統稱為「活躍星系核」，M87中心的黑洞即為活躍星系核的典型例子。

假使超大質量黑洞的周圍幾乎

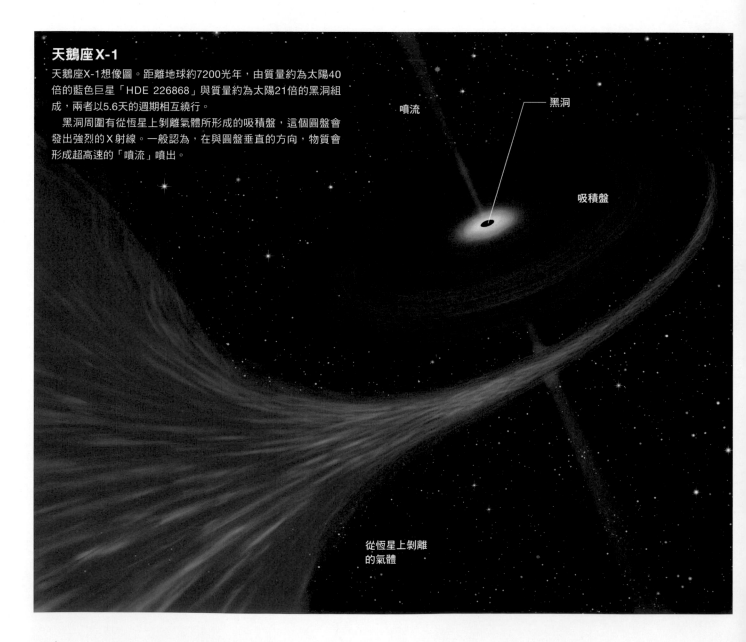

天鵝座 X-1

天鵝座X-1想像圖。距離地球約7200光年，由質量約為太陽40倍的藍色巨星「HDE 226868」與質量約為太陽21倍的黑洞組成，兩者以5.6天的週期相互繞行。

黑洞周圍有從恆星上剝離氣體所形成的吸積盤，這個圓盤會發出強烈的X射線。一般認為，在與圓盤垂直的方向，物質會形成超高速的「噴流」噴出。

噴流

黑洞

吸積盤

從恆星上剝離的氣體

沒什麼物質,那麼就不會形成吸積盤,也不會發生劇烈活動,我們銀河系中的人馬座A*就是這種寧靜超大質量黑洞的例子。

幾乎所有星系的中心都存在著超大質量黑洞,但目前仍不清楚如此重的黑洞究竟是如何形成的。有一說認為黑洞是透過彼此反覆合併而成長,另一種理論認為是在宇宙早期,大量物質因重力而聚集,進而一口氣形成超大質量黑洞(下圖)。

如果黑洞是透過反覆合併成長的話,那麼在從恆星質量黑洞發展成超大質量黑洞的過程中,應該存在著中間重量的黑洞,這種黑洞稱為「中等質量黑洞」,具有太陽數百至數萬倍的質量。不過,相較於恆星質量黑洞,需要以高精度計算出質量的中等質量黑洞卻很少發現。恆星質量黑洞合併發展成超大質量黑洞的情節是否正確,至今仍是個謎。

透過重力波發現新「類型」黑洞

在2010年代,出現了一種能夠大幅推進黑洞研究的新武器,那就是重力波探測器,對科學家的研究頗多助益。

當具有質量的物體進行加速度運動時,周圍的空間會產生扭曲,並像水面的漣漪一樣以光速傳播出去,這種現象就是重力波

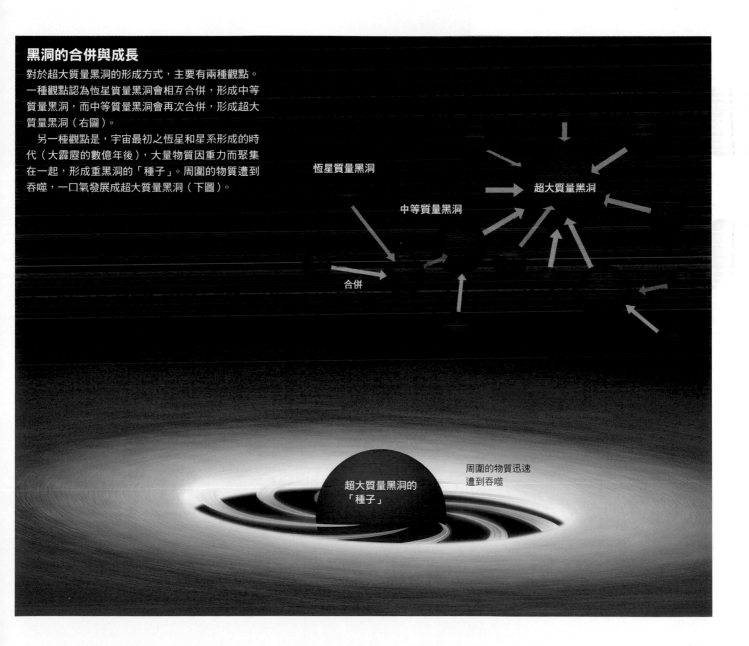

黑洞的合併與成長
對於超大質量黑洞的形成方式,主要有兩種觀點。一種觀點認為恆星質量黑洞會相互合併,形成中等質量黑洞,而中等質量黑洞會再次合併,形成超大質量黑洞(右圖)。
　另一種觀點是,宇宙最初之恆星和星系形成的時代(大霹靂的數億年後),大量物質因重力而聚集在一起,形成重黑洞的「種子」。周圍的物質遭到吞噬,一口氣發展成超大質量黑洞(下圖)。

恆星質量黑洞

中等質量黑洞

超大質量黑洞

合併

超大質量黑洞的「種子」

周圍的物質迅速遭到吞噬

黑洞聯星發出的重力波
重力波是一種以波的形式來傳遞空間扭曲的現象。像黑洞這種質量大的物體，運動的加速度愈大，所發出的重力波振幅就愈大。

（右圖）；與黑洞一樣，這是廣義相對論所預言的現象。重力波通過時，空間會出現伸縮，但變化非常細微。以地球和太陽的距離（約1億5000萬公里）來說，只會伸縮相當於一個氫原子（約100億分之1公尺）的程度，導致偵測非常困難。廣義相對論發表100年後的2015年，重力波探測器LIGO終於成功地偵測到重力波。

時至今日，美國的重力波探測器LIGO和歐洲的重力波探測器「Virgo」，已經偵測到91起幾乎可以斷定是重力波的事件。其中2起是中子星之間的碰撞，4起是黑洞和中子星的合併，其餘則是黑洞合併所產生的現象。

黑洞或中子星這類高密度的小型天體互相繞行的聯星系統，由於會釋放重力波而失去能量，使得彼此之間的距離逐漸縮小，公轉運動也會加快。於此同時，發出的重力波強度（波的振幅）增加，波峰與波谷的間距（波長）變短，最終在兩個天體合併後，重力波的振幅就會急劇減小。透過分析重力波的波形變化，可以讓我們了解是什麼質量的天體在進行合併。

從目前所發現的黑洞合併現象來看，合併前的黑洞質量通常都落在太陽的30～50倍左右。最重的一次是兩個質量分別為太陽107倍與77倍的黑洞合併現象，這個觀測結果對天文學帶來巨大的衝擊，因為過去發現的恆星質量黑洞，質量最多也只有太陽的20倍。

一般來說，過重的恆星會因自身發出的強烈光線壓力（光壓）導致外層噴飛而變得更輕，因此根據估計，恆星能夠存在的質量上限大約是太陽的200～300倍，即便是最終形成的恆星質量黑洞，質量上限也只有太陽的20倍左右。而重力波發現的黑洞，被認為可能是一種有別於一般恆星質量黑洞和中等質量黑洞、有著不同起源的新「類型」黑洞。

聯合世界各地的望遠鏡來觀測黑洞

為了探索重力波探測器發現新「類型」黑洞的真實樣貌，不僅需要增加觀測實例，還必須在偵測到重力波時立即將世界各地的望遠鏡轉往重力波源的方向，以確認其真面目。為此，日本在岐阜縣飛驒市的舊神岡礦山地下建造了重力波探測器「KAGRA」，作為這項任務的強大武器。

單憑一座重力波探測器並無法確認重力波源的方向，但只要多座探測器同時偵測到，就能夠縮小發生源的方向。探測器的數量愈多，就愈能精確地鎖定位置。若能得知重力波源的確切位置，即可以迅速將世界各地的光學望遠鏡和軌道上的太空望遠鏡對準重力波源的方向，觀測是否殘留餘輝，或利用各種波長進行探

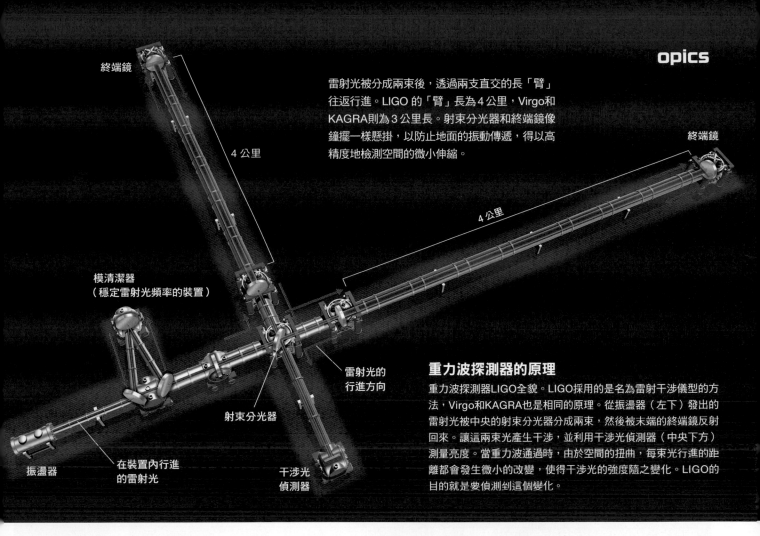

終端鏡

4 公里

模清潔器
（穩定雷射光頻率的裝置）

雷射光被分成兩束後，透過兩支直交的長「臂」往返行進。LIGO 的「臂」長為 4 公里，Virgo 和 KAGRA則為 3 公里長。射束分光器和終端鏡像鐘擺一樣懸掛，以防止地面的振動傳遞，得以高精度地檢測空間的微小伸縮。

終端鏡

4 公里

雷射光的
行進方向

射束分光器

振盪器

在裝置內行進
的雷射光

干涉光
偵測器

重力波探測器的原理

重力波探測器LIGO全貌。LIGO採用的是名為雷射干涉儀型的方法，Virgo和KAGRA也是相同的原理。從振盪器（左下）發出的雷射光被中央的射束分光器分成兩束，然後被末端的終端鏡反射回來。讓這兩束光產生干涉，並利用干涉光偵測器（中央下方）測量亮度。當重力波通過時，由於空間的扭曲，每束光行進的距離都會發生微小的改變，使得干涉光的強度隨之變化。LIGO的目的就是要偵測到這個變化。

查。到目前為止，LIGO、Virgo和光學望遠鏡已成功進行過兩次的聯合觀測，若再加上KAGRA這個生力軍，成功的機率應該還會更高。

KAGRA雖然在2020年2月開始進行觀測，但一個月後全球開始爆發新冠疫情，導致LIGO、Virgo和KAGRA的觀測都被迫取消。接下來的「第4期觀測」（O4）已於2023年5月展開。

存在著宇宙誕生後隨即形成的黑洞？

除了已經發現的黑洞之外，還有一種尚未發現但理論上預計存在的「類型」，那就是「原初黑洞」（primordial black hole）。

有一種理論認為，138億年前宇宙誕生後經過不到1000分之1秒的時間，宇宙中充斥能量密度較高的區域因重力而收縮，形成了許多黑洞，此時形成的這些黑洞稱為「原初黑洞」。宇宙中有可能存在原初黑洞，這是霍金（Stephen Hawking，1942～2018）等人於1970年代提出的觀點。

原初黑洞的特徵是，從細小的沙粒（約0.01毫克）這種極輕微的物體，到比恆星質量黑洞更重的物體，都有可能形成不同質量的黑洞，因此也有研究人員主張，原初黑洞的起源說不定就是那些來歷不明的超大質量黑洞，

或者藉重力波所發現的黑洞。

然而，已知輕型（數億噸以下）的原初黑洞會因為釋放電磁波的「霍金輻射」（Hawking radiation）現象而蒸發，無法存活到現在的宇宙，只有比一般行星更重的原初黑洞才可能存活至今。如果宇宙中存在著大量這樣的黑洞，就可能成為具有質量卻看不見光的「暗物質」候選者。

一旦這些「不發光的天體」橫擋在恆星前方，我們應該會觀測到恆星的光因為不發光天體的重力而暫時變亮，產生所謂「重力微透鏡效應」（gravitational microlensing effect）的現象。不過到目前為止的研究結果顯示，這種現象出現的頻率非常低，比

行星更重的「不發光的天體」並不夠多，不足以成為暗物質的主要成分。

即使質量相當於小行星的原初黑洞在宇宙中存在著一定數量，也不會與目前的觀測結果發生衝突。現在，日本的研究人員正試圖以昴星團望遠鏡這類大型望遠鏡，來偵測這些天體等級的原初黑洞所引發的重力微透鏡效應，並估算其數量。

持續追尋黑洞奧祕的EHT

文章開頭介紹的EHT歷史性公開發表（2019年）的資訊，是根據2017年觀測到的資料分析出來的。EHT也分別在2018年和2021年進行觀測，目前也持續進行這些觀測資料的分析。在過去的三次觀測中，除了M87的中心黑洞之外，也觀測到人馬座A＊。

然而，人馬座A＊的質量不僅遠小於M87的黑洞，事件視界的直徑也很小，因此黑洞周圍的氣體等結構，會在幾分鐘內發生劇烈變化。對於每次需要花大約8小時的時間進行拍攝的EHT來說，短時間的變化會讓影像變得模糊，因此研究人員透過各種方式，對無線電波訊號進行時間平均，在製成影像的技術方面下一番功夫，終於在2022年確認人馬座A＊也有明顯的環狀結構（第90頁）。

除了M87和人馬座A＊之外，

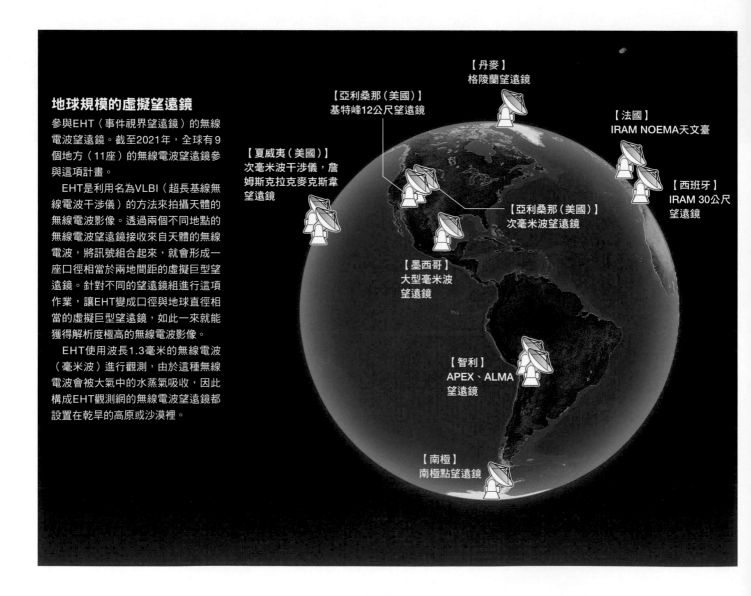

地球規模的虛擬望遠鏡

參與EHT（事件視界望遠鏡）的無線電波望遠鏡。截至2021年，全球有9個地方（11座）的無線電波望遠鏡參與這項計畫。

EHT是利用名為VLBI（超長基線無線電波干涉儀）的方法來拍攝天體的無線電波影像。透過兩個不同地點的無線電波望遠鏡接收來自天體的無線電波，將訊號組合起來，就會形成一座口徑相當於兩地間距的虛擬巨型望遠鏡。針對不同的望遠鏡組進行這項作業，讓EHT變成口徑與地球直徑相當的虛擬巨型望遠鏡，如此一來就能獲得解析度極高的無線電波影像。

EHT使用波長1.3毫米的無線電波（毫米波）進行觀測，由於這種無線電波會被大氣中的水蒸氣吸收，因此構成EHT觀測網的無線電波望遠鏡都設置在乾旱的高原或沙漠裡。

【丹麥】
格陵蘭望遠鏡

【亞利桑那（美國）】
基特峰12公尺望遠鏡

【法國】
IRAM NOEMA天文臺

【夏威夷（美國）】
次毫米波干涉儀，詹姆斯克拉克麥克斯韋望遠鏡

【西班牙】
IRAM 30公尺望遠鏡

【亞利桑那（美國）】
次毫米波望遠鏡

【墨西哥】
大型毫米波望遠鏡

【智利】
APEX、ALMA望遠鏡

【南極】
南極點望遠鏡

EHT接下來還有其他想要觀測的黑洞嗎？本間教授說：「稱為『墨西哥帽星系（sombrero galaxy）』的室女座星系『M104』，儘管中心的黑洞看起來很大，但估計只有人馬座A*大小的5分之1左右。在未來的4～5年內，觀測對象大概仍會侷限在M87和人馬座A*這兩個黑洞上。如果將來能夠把無線電波望遠鏡發射到太空，打造出更大的虛擬望遠鏡，或許就有望拍攝到更小的黑洞了。」

EHT仍在不斷進化。截至2021年，參與EHT觀測網的電波望遠鏡從6個地點（8座）增加到9個地點（11座），預計影像品質將會進一步提升。

此外，透過結合EHT和其他現有望遠鏡的觀測資料，或許可以獲得新的觀點。例如在2017年，包括地面的其他望遠鏡與太空望遠鏡等共計19座望遠鏡，與EHT共同對M87進行觀測。這次的合作觀測同時捕捉到從M87的超大質量黑洞延伸出來的噴流樣貌，呈現不同的尺度和波長（上方影像）。

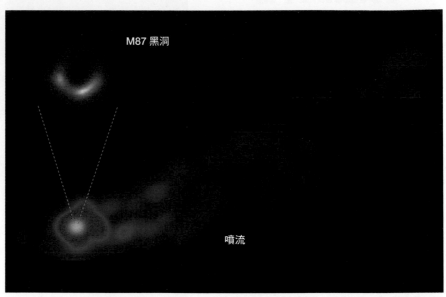

在EHT拍攝M87黑洞的同一時期，由日本、中國、韓國共13座無線電波望遠鏡參與的東亞VLBI觀測網（EAVN）所拍攝到的噴流樣貌。左下方為黑洞，噴流正朝右上方噴出。這是2021年4月發布的影像。

本間希樹
日本國立天文臺教授‧水澤VLBI觀測所長。透過VLBI參與銀河系結構與巨大黑洞的研究，為EHT計畫的日本團隊召集人。

將黑洞視為「系統」來理解

本間教授表示，未來除了黑洞本體之外，理解包括吸積盤和噴流在內的「黑洞系統」，將成為觀測黑洞的重要目標。

本間教授認為「超大質量黑洞的噴流是如何產生的？能量來源是什麼？這些謎團仍尚未解開。我們必須將吸入物質和能量的吸積盤、噴出物質和能量的噴流等結構，與黑洞一起視為整個系統來理解。」

揭開黑洞系統的奧祕也可以幫助我們理解黑洞在宇宙中的「功能」。例如，超大質量黑洞和星系是哪個先誕生的？黑洞的噴流會抑制或促進整個星系的恆星形成？這些問題至今依然沒有明確的答案。

本間教授又說：「宇宙誕生了銀河系，其中又誕生了太陽、地球和地球上的生命，而這一切的起源或許都與黑洞息息相關，因此了解黑洞可能有助於解開人類從何而來的謎團。」

（撰文：中野太郎）

黑洞會產生恆星？

由於噴流的噴射方向非常集中，因此認為星系中心噴流所產生的反饋效應只會影響到星系的一小部分區域。

然而，筑波大學的瓦格納（Alexander Wagner，1981～）等人考慮到星際氣體的不均勻性，並進行高解析度的計算時，首度發現噴流的能量會往多個方向分散，在整個星系引發大範圍的反饋效應。

這時人們才發現，噴流的噴射不僅會產生妨礙恆星誕生的「負反饋」，還會引起壓縮星際物質並促使恆星誕生的「正反饋」。

研究活躍星系核（AGN）與星際物質間之相互作用的模擬

這張影像是研究活躍星系核和星際物質在星系形成期間如何產生相互作用的模擬結果。透過高解析度的三維模擬來處理不均勻的星際物質，就能獲得比以往更接近現實的結果。

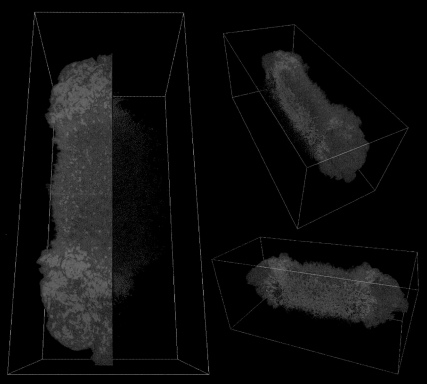

從三個角度觀察的噴流成分（藍色）和星際物質（橘色為低速成分，黃色為高速成分）。實際上是軸對稱的分布，但每張都只顯示一半。黑洞就位於中央。

3萬3000年到18萬7000年之間，噴流和星際物質的演化情況。
顏色代表色條所示之密度。

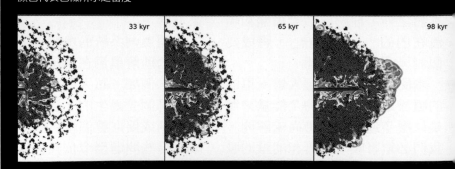

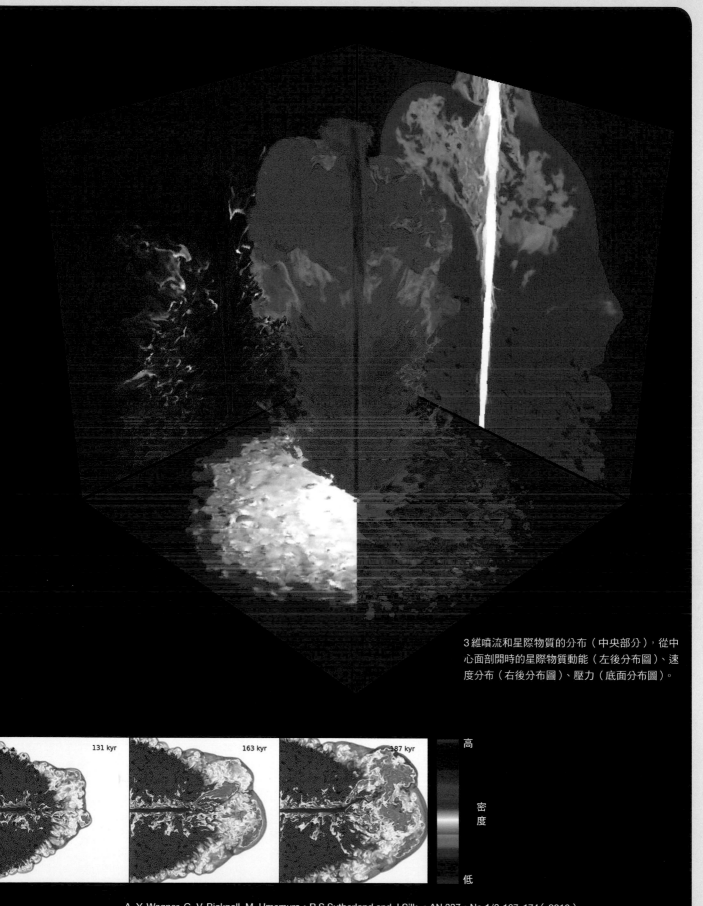

3維噴流和星際物質的分布（中央部分），從中心面剖開時的星際物質動能（左後分布圖）、速度分布（右後分布圖）、壓力（底面分布圖）。

131 kyr

163 kyr

187 kyr

高

密度

低

A. Y. Wagner, G. V. Bicknell, M. Umemura，R.S.Sutherland,and J.Silk ，AN 337，No.1/2,167-174（2016）

5 深入了解黑洞

若靠近黑洞會發生什麼事？黑洞裡是什麼模樣？本章將跳脫超巨大黑洞的框架，介紹各種與黑洞相關的有趣話題。此外，我們還將介紹與黑洞一樣源自廣義相對論預測的「白洞」與「蟲洞」，並探討如何利用它們進行時光旅行的方法等。

協助　福江純／原田知廣／須山輝明

黑洞竟如此奇妙！

可以看見另一側的天體

黑洞的強大重力使經過附近的光線彎曲，因此從黑洞另一側的天體所發出的光，會圍繞聚集過來（重力透鏡效應，第122頁），使得天體看起來嚴重扭曲。

即使是對天文學不甚熟悉的人，也應該聽過「黑洞」這個名詞才對。「所有東西都會被吞噬進去，一旦遭到吞噬便再也逃不出來」、「擁有足以使光線彎曲的強大重力」。仔細想想，這些廣為人知的黑洞特性本身就十分「異常」。

在黑洞中，巨大的質量被擠壓到一個點（奇異點）。奇異點的周圍有一處連光都無法逃逸的區域，這塊區域的邊界面就是所謂的「事件視界」。

人們認為黑洞的周圍會發生許多如圖中呈現的各種奇妙事件。

時間彷彿靜止不動

距離黑洞愈近，時間看上去就愈慢。到了黑洞的邊界面（事件視界），時間驟然停止，太空船就像是黏在那裡一樣，這就是廣義相對論所預言的重力引發時間延遲效應。此外，黑洞附近所發出的光會受到強大的重力拉伸，使得波長隨之變長；可見光的波長愈長，看起來就愈紅，所以當觀察接近黑洞的物體時，看起來總是呈現紅色。

逐漸接近黑洞的太空船
*太空船上的人不會感覺到時間延遲，而是直接越過事件視界掉進黑洞裡。

事件視界
（球面）

太空船
（看著另一艘逐漸接近黑洞的太空船）

背後的星系

星系A
（實際方向）

星系A
（太空人眼中的景象）

太空人眼中的全天空
（集中在狹窄的圓圈內）

光實際到達
的方向

從背後星系彎曲
而來的光

以為光傳來
的方向

黑洞

密度為「無限大」

根據理論推導出黑洞中心存在著質量集中在一點（體積為零）的「奇異點」。體積為零意味著奇異點的密度（質量÷體積）會變成無限大。

奇異點

遭到吞噬的光

背對黑洞的太空人

可以看見身後的星空

黑洞的強大重力能使光線彎曲，如果背對著黑洞仰望天空，來自身後的光線也會彎曲而傳到我們的視線裡。即使是彎曲的光，也會讓人類誤以為是從正面直接傳過來，造成整個天空看起來像是集中在一個狹小區域的錯覺。

吞噬光線

強大的重力甚至連自然界速度最快的光都遭到吞噬而無法逃逸。黑洞本身不會發光，看起來就像是「黑色洞穴」。

「重力透鏡」是探索宇宙的「放大鏡」

當光穿過被重力扭曲的時空時，其軌跡會彎曲，這種情況也可用廣義相對論來計算。

事實上，即使在牛頓的萬有引力定律下，光也會彎曲，但彎曲的角度與廣義相對論的預測有所不同。在廣義相對論發表4年後的1919年，人們測量附近看得見的恆星位置因太陽重力而偏移的程度。

測量結果與廣義相對論的預測相符，使得這個神奇的理論變得更加出名。

這次觀測是首度驗證廣義相對論的實驗，同時也是人類第一次觀測到「重力透鏡效應」。**重力透鏡是指來自遙遠天體的光遭致前面天體的重力彎曲，使得該天體的形狀扭曲或亮度改變的一種現象。**

透過神秘的「環」來尋找暗物質

目前，人們正利用重力透鏡效應進行各種天文觀測，比方說，重力透鏡就用於「系外行星」（太陽系外的行星）的探索上。從地球觀測時，兩顆恆星的位置可能會重疊，產生重力透鏡效應，導致遠方恆星的光暫時變

1. 利用重力微透鏡效應來探索 系外行星

當兩顆恆星幾乎呈一直線時，前方恆星的重力會彎曲並聚集來自遠方恆星的光，導致遠方恆星暫時變亮，這就是重力微透鏡效應。此外，如果有行星繞著前方的恆星運行，行星的重力就會影響微透鏡效應，導致遠方恆星的亮度呈現如右圖所示的特殊變化。藉由分析具有這些特徵的增亮現象，就能找出系外行星。

由於行星通過而增亮

前方的恆星導致增亮

亮度

時間

光

前方的恆星

遠方的恆星

系外行星

亮，這種現象稱為「重力微透鏡效應」。此時，如果有行星繞著前方的恆星運行，就會影響重力微透鏡效應，導致遠方恆星的亮度呈現特殊變化。這樣一來，我們就能夠找到系外行星（左頁圖）。

另外，**重力透鏡也有助於研究**

無法用光觀測的神秘物質「暗物質」。當發現眼前所見為來自遙遠星系的光被前方星系團的重力彎曲而形成的影像時，我們可以測量前方星系團的質量。根據實際測量發現，整個星系團的質量比星系團中包含的恆星等物質的

質量總和要大上好幾倍。

這可以說是星系團中含有大量看不見的質量，此即暗物質的最佳證據。透過尋找和觀測這類天體，有助於我們對暗物質有深入的理解（下圖）。

2. 尋找暗物質

觀察遙遠的星系時，如果有星系團等天體擋在前方，來自遙遠星系的光會彎曲，看起來就像在星系團周圍被拉長。特別是當拉長的影像呈現環狀時，則稱為「愛因斯坦環」（右下影像）。由此可以得知前方星系團的質量，但實際測量結果卻比星系團中包含的恆星等物質的質量總和還要大，這是因為星系團中含有無法用光觀測的「暗物質」。透過這類觀察，期盼能夠幫助我們了解暗物質這種神秘物質的性質。

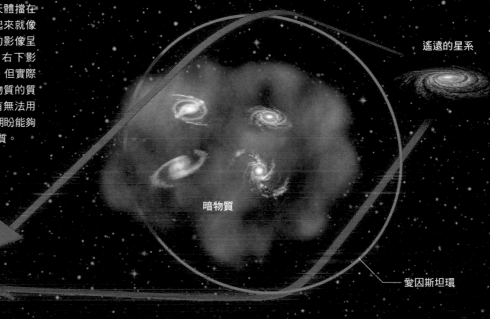

遙遠的星系

暗物質

愛因斯坦環

地球

產生天體

運用重力透鏡效應探索系外行星和暗物質的行為原理。

這是哈伯太空望遠鏡觀測到位於室女座方向，距離約45億光年的星系團「MACSJ1206.2-0847」影像。星系團周圍有好幾個後方星系發出的光線因彎曲而產生的扭曲影像，此即愛因斯坦環。

黑洞的性質只由 3 個因素決定

到 第4章為止，我們是根據黑洞「質量」或「半徑」等大小的差異來進行區分。不過，科學家也根據性質的差異來思考各種類型的黑洞。

決定黑洞性質的要素只有「質量」、「旋轉（自轉）」和「電荷」這三項。

由於不存在沒有質量的黑洞，因此根據旋轉或電荷的有無，將黑洞分為4種基本類型。

其中最簡單的是一種名為「史瓦西黑洞」（Schwarzschild black hole）的靜止球形黑洞。史瓦西（Karl Schwarzschild，1873～1916）在以廣義相對論推導恆星內部和表面附近重力的公式時，為了簡化計算，他做出

黑洞有 4 種基本類型

史瓦西黑洞
（不旋轉，不帶電荷）

事件視界
（比這裡更內側是黑洞）

奇異點
（集中所有質量）

克爾黑洞
（有旋轉，不帶電荷）

事件視界

奇異點
（形成環狀）

內部視界

動圈
由於空間往旋轉方向彎曲，連光也「被拖曳」而無法抗拒旋轉的區域，只要移動到外側就可以脫身。

恆星沒有自轉和電荷的假設。

　　然而，所有恆星都會自轉，認為恆星重力塌縮所形成的黑洞也會自轉也是再自然不過的想法。旋轉的黑洞稱為「克爾黑洞」（Kerr black hole），和史瓦西黑洞一樣，克爾黑洞也是球形，當自轉速度增加，球（事件視界）的半徑就會變小。

　　克爾黑洞的特徵是內外側各有一個事件視界，比外側的事件視界更外側的區域稱為「動圈」（ergosphere）。另外，由於它在旋轉，因此奇異點呈現環狀。

　　帶有電荷的黑洞也被考慮進來，命名為「萊斯納-諾斯通黑洞」（Reissner-Nordstrom black hole）。其中，旋轉的黑洞稱為「克爾-紐曼黑洞」（Kerr-Newman black hole）。

　　不過，若要製造帶有電荷的黑洞，必須讓帶有電荷的物質經歷重力塌縮。但在形成黑洞之前，電力會產生排斥而將物質反彈回去，所以一般認為要形成帶有電荷的黑洞不是一件容易的事。

　　因此，**人們普遍認為宇宙中最常見的是「會旋轉且不帶電荷」的克爾黑洞。**

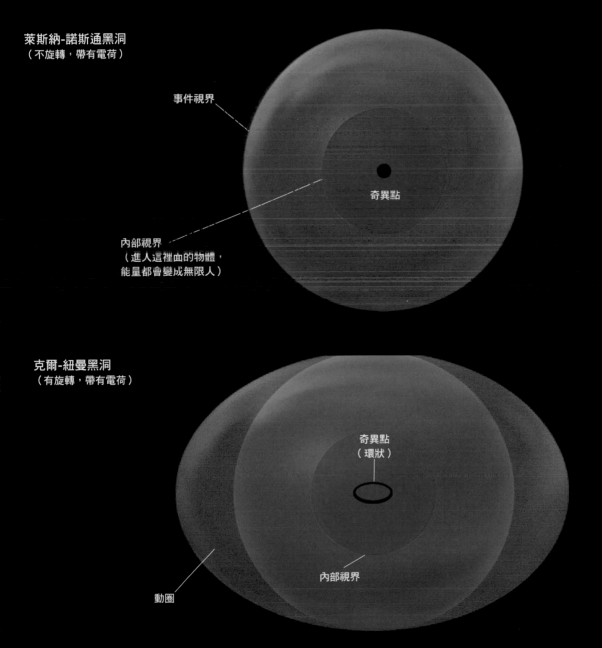

萊斯納-諾斯通黑洞
（不旋轉，帶有電荷）

事件視界

奇異點

內部視界
（進入這裡由的物體，能量都會變成無限大）

克爾-紐曼黑洞
（有旋轉，帶有電荷）

奇異點
（環狀）

內部視界

動圈

如果掉進黑洞會發生什麼事？

讓我們試著思考一下，如果太空船不幸掉進最簡單的黑洞，也就是史瓦西黑洞時，會發生什麼事。

如果是史瓦西黑洞的話，一旦太空船遭到吞噬而穿過事件視界，就會直朝中心的奇異點落下。這時，愈靠近黑洞中心，重力就愈強，所以太空船的機身前後端所受到的重力會出現很大的差異，這與太陽或月亮的重力造成漲潮或退潮的原理相同，也就是所謂的「潮汐力」。

對黑洞而言，潮汐力會將掉落下來的物質拉長，最終將其整個撕碎。潮汐力的大小取決於黑洞的大小，但意外的是，黑洞愈小，潮汐力就愈大。

例如，若為質量相當於太陽的小型黑洞，在被吞噬到事件視界之時，潮汐力會達到地球表面的 1 兆倍，這時物質會像義大利麵一樣拉扯得十分細長。

另一方面，如果是位於星系中心且半徑 3000 億公里的巨大黑洞，那麼事件視界的潮汐力就只有大約地球表面的1000萬分之1，根本感覺不到任何力量，就算遭到吞噬，也不會發生任何變化，甚至不會察覺到自己已被黑洞吞噬了。

但是，隨著逐漸靠近黑洞中心的奇異點，無論是何種類型的黑洞，重力都會變得更強，感覺得出有股力量在拉扯，最終仍會變得像義大利麵一樣，在中心附近被撕得四分五裂。

但克爾黑洞的情況就不一樣了。我們將在下一單元探討接近克爾黑洞時會發生的事情。

小型黑洞

想像一艘太空船分別掉進大型黑洞和小型黑洞時會發生什麼情況。在小型黑洞（左）中，相同機體前後兩端所受到的重力會產生很大的差異，由於前端受到更強的重力拉扯，因此機體會像義大利麵一樣拉得十分細長；在大型黑洞（右）中，前後兩端受到的重力差異要小得多，因此在到達事件視界之前不會遭到拉扯，可以猶有餘裕地靠近黑洞。另外，隨著太空船愈來愈接近黑洞，機體上發出的光，也就是顏色會出現變化；因為重力愈強，光的波長就愈長，導致機體逐漸呈顯紅色。

大型黑洞

動圈

靠近旋轉的黑洞會發生什麼事？

這裡來觀察一下接近旋轉的克爾黑洞時會發生什麼情況。

克爾黑洞和史瓦西黑洞的外觀看起來沒什麼不同。對於克爾黑洞來說，雖然一開始是筆直朝黑洞前進，軌道卻會逐漸偏離黑洞，再靠近一些，就會開始繞著黑洞周圍打轉，這種現象稱為「冷澤-提爾苳效應」（Lense-Thirring Effect）。

這時，如果朝黑洞旋轉的反方向運動，便可以抵消這種效應，然而如果再靠近一點的話，就會發現自己明明朝著反方向移動，卻在不知不覺中跟著黑洞一起旋轉。無論再怎麼拚命催動引擎，也無法靜止下來。這是因為黑洞周圍的空間也跟著掉落黑洞，並且正在旋轉，加起來的速度已經超越了光速。

如果是史瓦西黑洞，空間會朝向黑洞內部掉落，並在事件視界達到光速；**如果是克爾黑洞，除了朝內部掉落的速度之外，還加上旋轉的速度，使得事件視界外側的空間運動速度超過光速。在克爾黑洞周圍的空間，超過光速的區域稱為「動圈」。**

一旦進入動圈，便不可能對黑洞保持靜止不動，必定會在黑洞的周圍旋轉，朝環狀的奇異點掉落。不過若能在動圈的階段朝外側的方向催動引擎，或許還有可能逃脫。

發光的天體

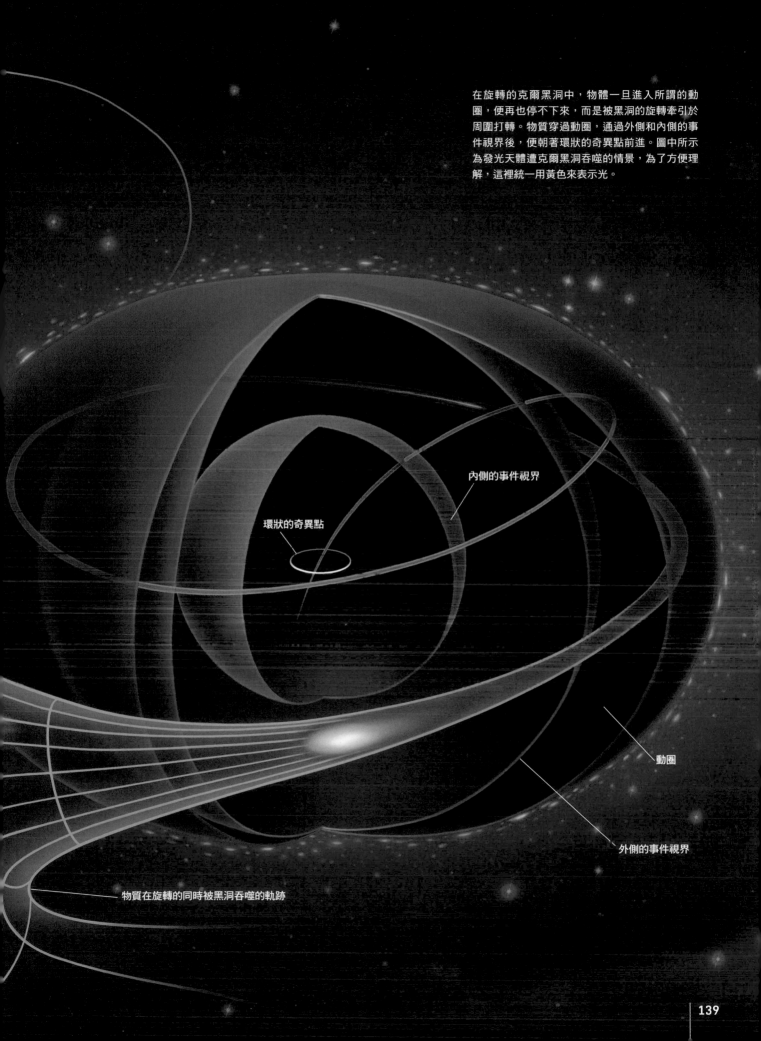

在旋轉的克爾黑洞中，物體一旦進入所謂的動圈，便再也停不下來，而是被黑洞的旋轉牽引於周圍打轉。物質穿過動圈，通過外側和內側的事件視界後，便朝著環狀的奇異點前進。圖中所示為發光天體遭克爾黑洞吞噬的情景，為了方便理解，這裡統一用黃色來表示光。

內側的事件視界

環狀的奇異點

動圈

外側的事件視界

物質在旋轉的同時被黑洞吞噬的軌跡

利用黑洞進行垃圾處理

黑洞超未來都市獲取能源和垃圾處理的示意圖。將不需要的垃圾裝入容器，投入動圈當中，接著將垃圾拋向與黑洞旋轉相反的方向，然後回收容器。這樣一來，黑洞的旋轉速度會稍微減緩，而容器則帶著相應的旋轉能量返回，如此便能在丟棄垃圾的同時獲得能量。然而，隨著垃圾不斷丟棄，黑洞的旋轉速度會變得愈來愈慢，終有一天將被迫尋找新的黑洞。

有人提出利用黑洞來同時解決能源和垃圾問題的點子。

英國物理學家潘羅斯（Roger Penrose，1931～）想到一種從旋轉黑洞中汲取能量的方法。這個方法是將物質投入動圈，使其在裡面一分為二，其中一部分為事件視界所吞噬，另一部分則噴出動圈之外，這時噴出之物質所具備的能量，比當初投入的時候更大，這個機制稱為「潘羅斯過程」（penrose process）。

利用黑洞打造超未來都市的系統就會運用這個機制。首先將垃圾裝入容器，投入動圈當中，接著將垃圾拋向與黑洞旋轉相反的方向，然後回收容器。這樣一來，黑洞的旋轉速度會稍微減緩，而容器則帶著相應的旋轉能量返回，如此便能在丟棄垃圾的同時獲得能量。

這個夢幻般的黑洞超未來都市概念，也收錄在世界各地廣泛使用的著名教科書《Gravitation》當中，這本書是由米斯納（Charles W. Misner，1932～2023）、索恩（Kip Thorne，1940～）和惠勒（John Archibald Wheeler，1911～2008）三人合著。

有辦法穿越環狀的奇異點嗎？

環狀的
奇異點

讓我們把目光轉向克爾黑洞的內部。旋轉的克爾黑洞中，奇異點會因為離心力的作用而變成環狀。

一旦撞上奇異點，物質就會變成碎片。以史瓦西黑洞為例，任何進入事件視界的物質都必然會朝奇異點移動，可是在旋轉的克爾黑洞中，由於奇異點在離心力的作用下擴張成環狀，因此有可能避開它。

如果太空船被吸入事件視界後順其自然流動，最後就會撞上奇異點，不過如果拚命地催動火箭引擎，使太空船衝向環的正中心，或許就能夠從中央突破。

那麼，穿過環的物質會發生什麼情況呢？這一點尚未經實驗證實，而是提出了各種假設。

穿過環之後，有可能發生遭黑洞吞噬時完全相反的情況，被噴到與我們宇宙不同的其他宇宙中。也有可能存在一種只會噴出物質的黑洞，稱為「白洞」（white hole）。有關白洞的內容將會在第162頁～第165頁中詳細介紹，有些研究人員猜測可能會發生以下情況。

克爾黑洞可能與其他宇宙的白洞相連，被噴出的宇宙之中也有克爾黑洞，再跳進這個黑洞，又會出現另一個宇宙，無窮無盡的宇宙或許就是如此這般地以克爾黑洞為橋梁連接起來。

此外，現實中由於恆星重力塌縮而形成的克爾黑洞內部，是否真的存在通往其他宇宙的通道，這一點目前仍不得而知。

環狀的奇異點於克爾黑洞內閃耀著光芒。奇異點通常被包圍在連光都無法逃逸的事件視界中，所以我們無從得知裡頭究竟發生什麼情況，一般認為奇異點周圍可能有各種物體進進出出，沒有質量的光最容易產生，是最有可能往來於奇異點的物質。奇異點的另一側看起來一片漆黑，被認為是因為吐出物質的白洞正在擴張，沒有光能夠從白洞來到黑洞這一側。

太空船

奇異點內部是什麼樣子呢？

任何黑洞都存在有奇異點，物質在奇異點內會變成什麼樣子，至今依然是懸而未決的一大問題。

遭到黑洞吞噬的物質，在落入奇異點之前會被強大的潮汐力撕裂成電子或「夸克」這類構成物質的基本粒子，現今的物理學對於落入奇異點的物質會變得如何仍沒有答案。

最近的研究顯示，基本粒子並非真正構成物質的要素，而是長度只有10的負33次方公分，且像極其微小橡皮圈的「弦」，這個理論稱為「超弦理論」（superstring theory）。根據超弦理論的說法，這些弦會產生振動，振動的差異使弦看起來像是不同的基本粒子。由於這些弦的振動也會產生重力，因此像奇異點附近這種極其狹小的區域裡，物質和重力就變得無法區分。

這些弦存在於9維的時空當中，我們所居住的宇宙空間，據說是由3維空間加上1維的時間所組成的4維時空，9維空間是指在3維空間的每一點上都存在著6維延伸的空間。

為了讓大家理解6維世界，不妨想像一下通心粉。從遠處觀察，通心粉看起來就像是一條線，但當我們走近一看，就會發現它不僅有厚度，而且呈管狀。通心粉的表面是由長度方向和管狀方向的2維面所構成，由於管狀方向是很小的圓圈，因此從遠處只能看到長度方向的一維；同樣地，6維空間也可能是在非常小的尺度上存在著6個維度的方向。

說不定在奇異點附近，其餘6個維度就會呈現出來，而奇異點裡的弦或許就在9維的空間中振動著。

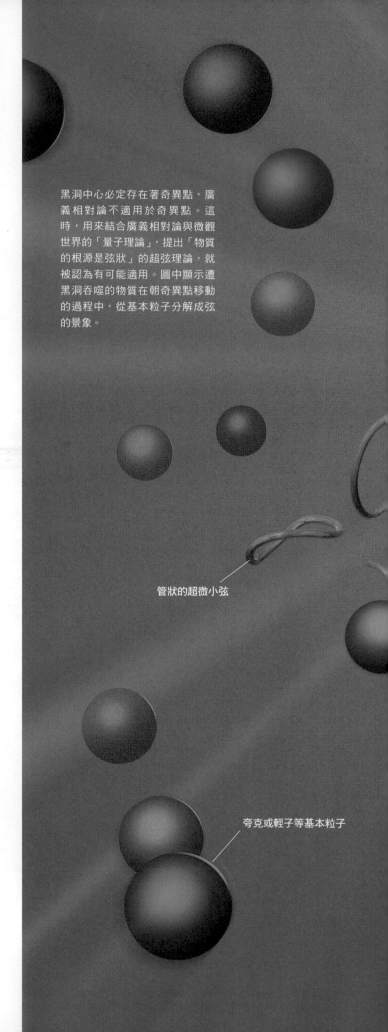

黑洞中心必定存在著奇異點，廣義相對論不適用於奇異點。這時，用來結合廣義相對論與微觀世界的「量子理論」，提出「物質的根源是弦狀」的超弦理論，就被認為有可能適用。圖中顯示遭黑洞吞噬的物質在朝奇異點移動的過程中，從基本粒子分解成弦的景象。

管狀的超微小弦

夸克或輕子等基本粒子

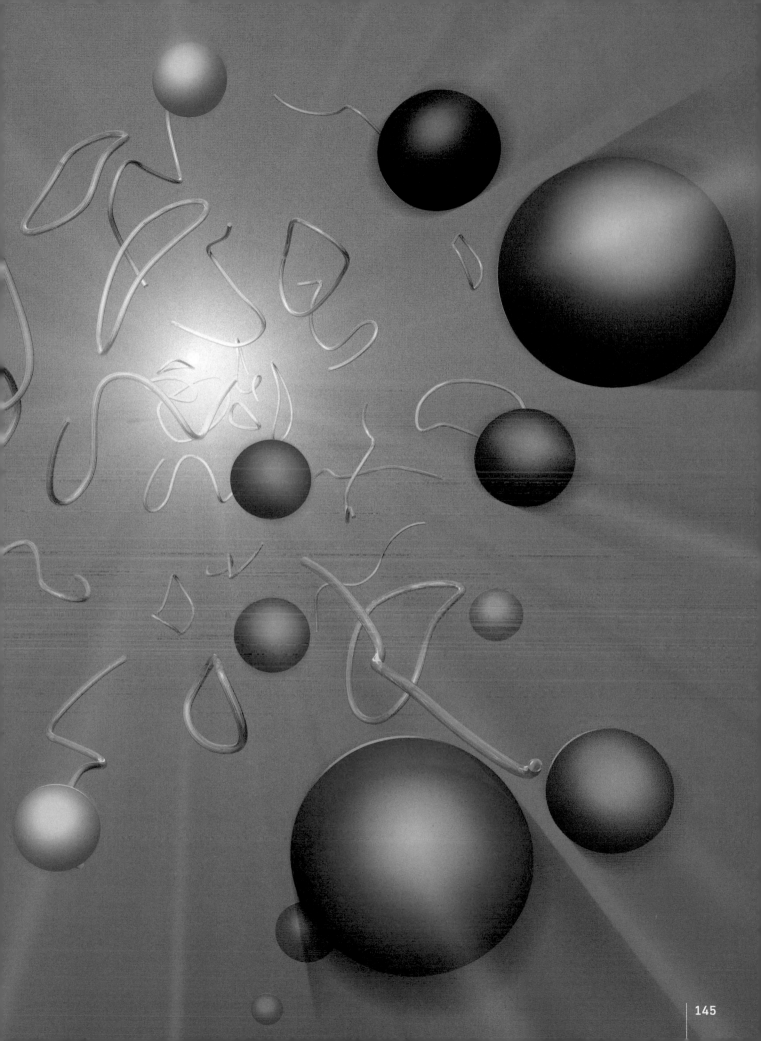

黑洞的蒸發

黑洞藉由釋放粒子而「蒸發」

落入黑洞的物質無法再次逃到外面,因此人們一直認為黑洞的質量會不斷增加。然而,霍金(Stephen Hawking,1942~2018)透過量子理論的應用提出這樣的概念,認為黑洞可能會釋放光之粒子(光子)等各種粒子而失去質量並「蒸發」。

關鍵就在於粒子的「成對產生」(pair production)和「成對湮滅」(pair annihilation)現象。根據量子理論,宇宙空間並非完全空無一物,真空的空間本身就具有能量,而且這種能量會波動。若以基本粒子等級的微觀尺度來觀察真空,可以發現這種能量的波動會導致粒子產生或湮滅。例如,在某個瞬間,電子與電子的反粒子(質量等性質相同而電荷等符號相反的粒子),也就是正電子,兩者會成對產生,隨即相互碰撞而消失(成對湮滅)。

那麼,**在黑洞的表面(事件視界)附近發生成對產生時會怎樣呢?如果成對產生的粒子和反粒子中,其中一個進入事件視界內側,它就會不斷地朝黑洞的中心落下,無法撞上另一個粒子,這時由於失去引發成對湮滅的對象,一部分粒子便飛向黑洞的外側,這就是黑洞看起來像在釋放粒子和反粒子的原因,這種現象稱為「霍金輻射」(Hawking radiation)。**

透過霍金輻射從黑洞中噴出的粒子(或反粒子)帶有能量,而釋放粒子的黑洞會失去少許能量。從愛因斯坦的著名公式 $E = mc^2$ 來看,能量(E)即質量(m),因此失去能量的黑洞也會減少相應的質量。

不過對於正常大小的黑洞來說,這樣的蒸發量非常微小,根本不可能觀測得到。

黑洞會釋放「霍金輻射」

圖示為黑洞釋放粒子和反粒子而逐漸蒸發的情形。黑洞的質量隨著蒸發變得愈來愈小,從而釋放出更多的粒子和反粒子,這相當於黑洞變得愈來愈熱,最終變得極度高溫的小型黑洞會像爆炸一樣整個消滅。

霍金輻射

黑洞

有可能發現迷你黑洞所發出的光

霍金輻射通常十分微弱,對於質量約為太陽數倍的標準黑洞而言,要經由霍金輻射完全蒸發掉,需要花上宇宙年齡(約138億年)的1兆倍的1兆倍的1兆倍的1兆倍的1億倍如此超乎想像的時間。

不過,霍金博士認為有可能在宇宙誕生後不久就誕生了和質子差不多大(質量約10億噸)的「迷你黑洞」。根據計算,這種小型黑洞足以用差不多和宇宙年齡一樣的時間完全蒸發掉,透過觀測遙遠的宇宙,我們或許可以捕捉到這種原始的迷你黑洞蒸發時所產生的光。

儘管目前尚未捕捉到這些原始迷你黑洞所發出的光,但如果真的成功觀測到,那麼霍金絕對能夠獲頒諾貝爾獎。(霍金已於2018年辭世)

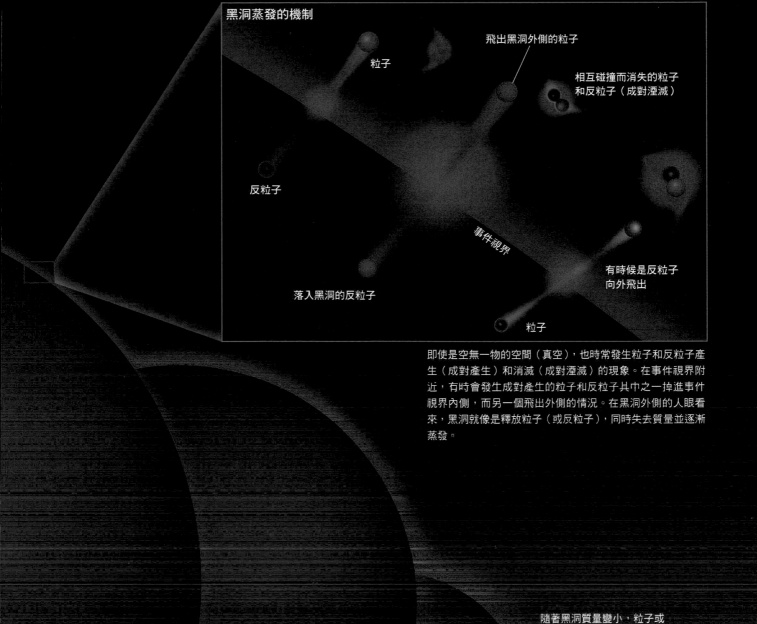

黑洞蒸發的機制

粒子

飛出黑洞外側的粒子

相互碰撞而消失的粒子
和反粒子（成對湮滅）

反粒子

事件視界

落入黑洞的反粒子

有時候是反粒子
向外飛出

粒子

即使是空無一物的空間（真空），也時常發生粒子和反粒子產生（成對產生）和消滅（成對湮滅）的現象。在事件視界附近，有時會發生成對產生的粒子和反粒子其中之一掉進事件視界內側，而另一個飛出外側的情況。在黑洞外側的人眼看來，黑洞就像是釋放粒子（或反粒子），同時失去質量並逐漸蒸發。

隨著黑洞質量變小，粒子或
反粒子的釋放會愈來愈劇烈

黑洞資訊悖論　掉進黑洞的物質資訊會消失？

如果有一封信遭到燒毀,我們能夠從灰燼中得知信中原本的內容嗎?大家應該會認為不可能吧!然而量子力學這個物理學的分支告訴我們,信的灰燼、煙霧粒子、燃燒時所發出的光等等,其中應該都會留下信在燃燒前的「資訊」(例如紙張的種類、書寫的文字內容等),假如可以完全回收(觀測)灰燼、煙霧、光等物質,理論上應該能夠還原該信才是。這是因為量子力學有個基本原則,那就是「資訊不會消失」。

那麼,如果我們把信扔進黑洞的話,資訊還會保留下來嗎?黑洞因為霍金輻射的影響,會在很長一段時間後,連同被吞噬的信一同蒸發,這時若能像回收信被燒毀的灰燼、煙霧、光一樣,收集來自黑洞的霍金輻射,這樣是否可以還原信中的資訊呢?根據霍金的預測,落入黑洞的信中資訊將會永遠消失,因為霍金輻射裡面不包含任何資訊,這個結果與「資訊會保存下來」的原則互相矛盾。換言之,**霍金輻射所造成的黑洞蒸發會產生物理學上的矛盾(悖論),這就是所謂的黑洞資訊悖論。**

▎引發長達20年的大論戰

霍金的主張引起了極大的爭議,因為如果黑洞會抹除資訊,

那麼就會嚴重動搖物理學,尤其是量子力學的基礎。也有一些研究者認為,霍金可能忽略了某些東西,事實上黑洞並不會將資訊抹除。

美國理論物理學家普雷斯基爾(John Preskill,1953~)認為,黑洞的蒸發不會導致資訊消失,於是告訴霍金要與他打賭,若證明資訊消失,就是霍金賭贏;若證明資訊沒有消失,就是普雷斯基爾賭贏。理論物理學家針對這個悖論展開長達20年的激烈爭論,最終透過「超弦理論」※這場爭論暫時得到解決。**根據超弦理論,落入黑洞的資訊可能會留在其表面(事件視界),最後我們可以透過回收霍金輻射來還原資訊。**霍金也在2004年承認自己在這場賭賽中落敗,普雷斯基爾因此獲贈百科

黑洞資訊悖論

圖示為霍金主張被黑洞吞噬的信中「資訊」會消失的預測(左),以及普雷斯基爾等人認為資訊不會消失的預測(右)。最終,霍金承認自己的主張有誤,但這場爭論卻大大促進了物理學的發展。資訊會以2維的形式留在黑洞的表面,這樣的結果與我們認為是3維空間的這個宇宙,實際上可能只是寫在2維平面上的資訊投影,此與全像原理(holographic principle)這個最新的理論有關。

資訊不會消失?
(普雷斯基爾等人的主張)

黑洞

※:所有基本粒子不是點,而是由極小的「弦」構成的理論,即為超弦理論。

全書作為賭贏的獎勵。

可是，依然有許多研究人員認為資訊悖論尚未完全得到解決，

最重要的是，超弦理論目前尚未完成，因此還不能利用超弦理論來解釋黑洞的性質。如何解釋資

訊悖論，看來仍需要等待超弦理論或其他量子重力理論的進一步發展。

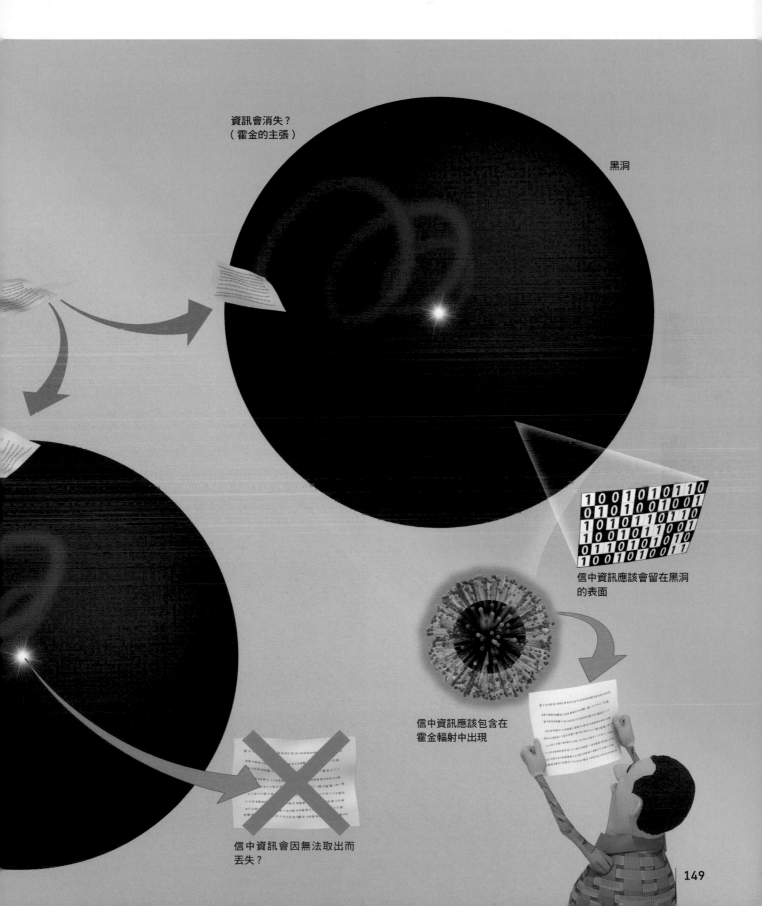

資訊會消失？
（霍金的主張）

黑洞

信中資訊應該會留在黑洞的表面

信中資訊應該包含在霍金輻射中出現

信中資訊會因無法取出而丟失？

霍金預言的「原初黑洞」是什麼？

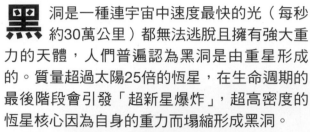

黑洞是一種連宇宙中速度最快的光（每秒約30萬公里）都無法逃脫且擁有強大重力的天體，人們普遍認為黑洞是由重星形成的。質量超過太陽25倍的恆星，在生命週期的最後階段會引發「超新星爆炸」，超高密度的恆星核心因為自身的重力而塌縮形成黑洞。

但是，據說原初黑洞是以一種與「普通」黑洞完全不同的方式形成的。1971年，霍金提出的理論認為「原初黑洞是從宇宙誕生後不久的密度『波動』中產生」。

在「波動」中產生的黑洞

剛誕生不久的宇宙，被認為是一個超高溫、超高密度的熾熱火球（大霹靂）。在這段時期，充斥在宇宙中的基本粒子密度幾乎是均勻的，但其中存在著「波動」。這些波動可能讓有些地方的密度變得非常高，這些區域會因為自身重力而塌縮到極限，繼而形成黑洞。

因此，在宇宙誕生後的幾個小時內，應該會形成各種大小不一的原初黑洞，其中最小的黑洞質量只有10萬分之1公克，最大的黑洞質量則達到太陽的數十億倍。從事原初黑洞理論研究的日本立教大學原田知廣教授告訴我們：「原初黑洞的質量取決於本身形成的時間，離宇宙誕生的時間愈久，形成的原初黑洞質量愈大。」

恆星是在宇宙誕生後數億年才誕生，但在更早之前，宇宙中可能已經存在著許多黑洞。

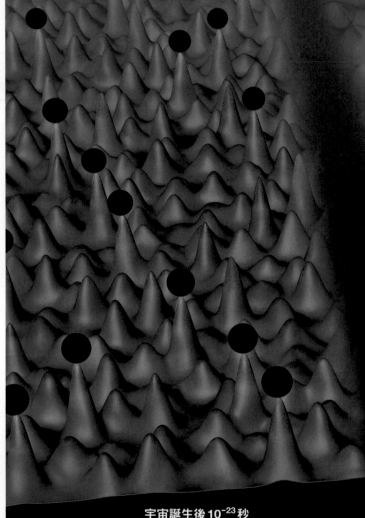

原初黑洞的大小隨著誕生時期而有所不同

圖示為原初黑洞於宇宙誕生之初從密度波動中產生的情景。密度極高的區域（圖中看似高山的部分），會因為自身重力而塌縮，形成原初黑洞；宇宙誕生後，隨著時間的推移，產生更大的原初黑洞。隨著宇宙膨脹，密度波動的幅度（波長）也會增加，這些波長的大波動又產生質量更大的原初黑洞。

宇宙誕生後 10^{-23} 秒

原初黑洞的質量
10^{15}公克

小型的原初黑洞已全部蒸發

霍金從理論上證明黑洞會釋放光子這類光的基本粒子,逐漸失去質量並「蒸發」,這種現象稱為「霍金輻射」。質量愈小的黑洞,蒸發的速度就愈快,而極小的黑洞會釋放劇烈的 γ 射線(具有高能量的光)等。理論上認為質量小於 10^{15}公克(10億噸)的黑洞在宇宙年齡(138億年)內已全數蒸發。

原初黑洞

密度波動

宇宙誕生後 1 秒

原初黑洞的質量
10^{38}公克(相當於太陽質量 10 萬倍左右)

宇宙誕生後 10^{-5} 秒

原初黑洞的質量
10^{33}公克(相當於太陽的質量)

宇宙誕生後經過的時間

可能成為暗物質的原初黑洞

星系和星團中存在著大量所謂暗物質的物質。暗物質的真實樣貌是當代物理學中很重要的未解之謎，也有一些研究認為，原初黑洞或許可以用來解釋暗物質。正如第150頁所介紹，原初黑洞有可能具備各種不同的質量，藉由重力波或電磁波等各種方法進行觀測，可以持續驗證宇宙中可能存在多少像這樣的原初黑洞。

舉例來說，質量相對較大的原初黑洞，可以利用「重力透鏡效應」的觀測來進行研究。原初黑洞的重力會產生像透鏡一般的作用，捕捉到其背後看起來扭曲或明亮的恆星。此外，從宇宙傳來的 γ 射線，有可能發現小型原初黑洞的痕跡。根據這些觀測，可以查知哪種質量的原初黑洞可能存在的數量多寡。

不會太小也不會太大的原初黑洞

根據以往的研究，我們可以得知超過 10^{25} 公克（相當於月球質量）的原初黑洞，不可能多到足以包含所有的暗物質。反之，不到 10^{15} 公克的小型原初黑洞，也因為已經全數蒸發（第151頁專欄），所以不可能成為暗物質。

不過，原初黑洞是暗物質的可能性依然存在，那就是質量約 10^{25} 公克（月球質量的10萬分之1左右）的原初黑洞。

原田教授認為，「不論是透過重力透鏡或 γ 射線，都不容易發現這種大小的原初黑洞。如果存在許多這種大小難以發現的原初黑洞，那麼它們就有可能是暗物質的真實樣貌。」

此外，**也有一些理論物理學家認為小型原初黑洞不會蒸發。這些人的主張是，如果黑洞不留痕跡地完全蒸發，就會產生資訊悖論，所以它不會完全蒸發，而是留下細小輕微的殘留物**。從這個觀點來看，宇宙中應該還留有一些小型原初黑洞的殘留物，這些殘留物或許可以解釋暗物質的真實樣貌。

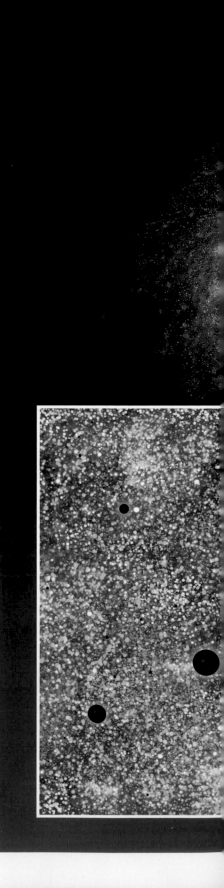

星系中潛藏著許多難以發現的原初黑洞？

許多原初黑洞潛藏在我們銀河系當中的想像圖。如圖所示，宇宙中可能存在著許多大小難以觀測到的原初黑洞，說不定這些原初黑洞就是暗物質的真實樣貌。

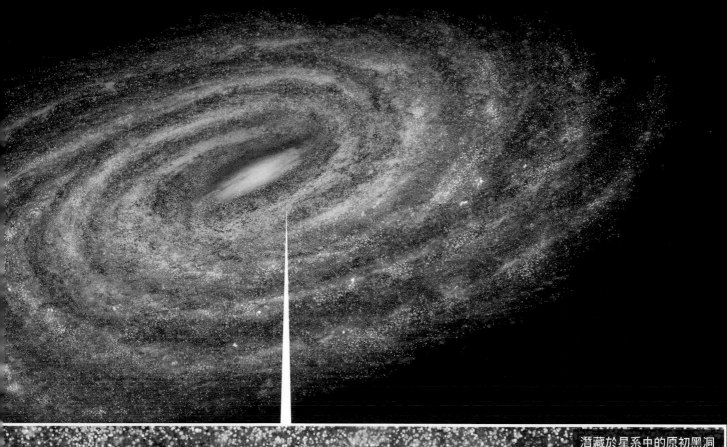

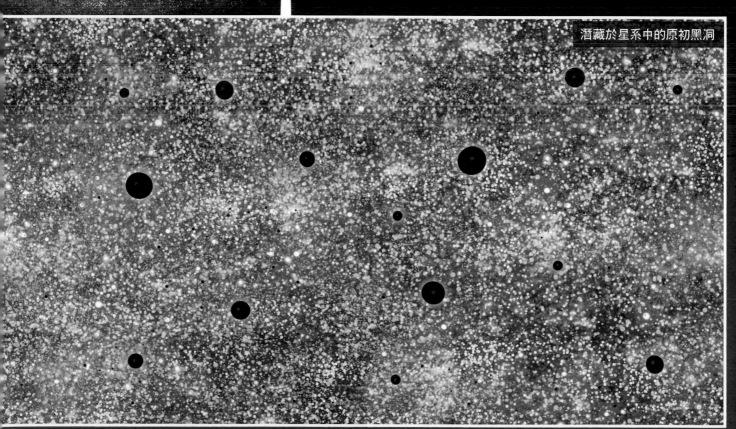

潛藏於星系中的原初黑洞

巨大黑洞
的種子

也能解釋星系中心的超巨大黑洞之謎？

除了暗物質之外，原初黑洞也有可能解開宇宙留下的其他謎團，例如「超巨大黑洞」的誕生之謎就是其中之一。

超巨大黑洞是指質量超過太陽100萬倍到數十億倍的龐大黑洞，目前已知宇宙中所有的星系中心都存在著這類超巨大黑洞。例如我們所在的銀河系中心，就有一個質量相當於太陽400萬倍的超巨大黑洞。

然而，**我們無從得知這些超巨大黑洞是如何形成的。近年來的觀測顯示，在宇宙誕生6.9億年後，就已經存在質量約為太陽8億倍的超巨大黑洞。從宇宙138億年的歷史來看，一般認為在如此早期階段並沒有足夠的時間讓源自恆星的黑洞種子發展成超巨大黑洞。**

▎原初黑洞是作為種子而形成？

有好幾種關於超巨大黑洞誕生的說法，例如宇宙早期由巨大的氣體雲塌縮形成等等，但或許具有各種質量的原初黑洞才是關鍵所在。

有一種觀點認為，超巨大黑洞本身就是原初黑洞，不過這種想法似乎太不實際。

其他還有原田教授的觀點，如「以質量約為太陽10萬倍這類較重的原初黑洞作為種子，透過大量吞噬周圍的氣體和天體而成長為超巨大黑洞……」等等。

以大型原初黑洞作為種子？

幾乎所有星系的中心都存在著質量超過太陽100萬倍的超巨大黑洞。這些黑洞的形成機制至今仍是一大謎團，如果存在質量約為太陽10萬倍的原初黑洞，就有可能將其作為種子大量吸收周圍的氣體，從而形成超巨大黑洞。

質量約為太陽10萬倍
的原初黑洞

氣體

超大質量黑洞

尋找比太陽還輕的黑洞

在 重力波等觀測中發現的黑洞，是否有辦法區分這是源自恆星的黑洞，抑或宇宙最初期由波動產生的原初黑洞？事實上，這在原初黑洞研究方面是非常重要的一點。

須山副教授說：「有幾種方法可以分辨原初黑洞，其中最可靠的方法就是尋找質量比太陽更小的黑洞。」

在第150頁也有介紹，源自恆星的黑洞被認為是由質量超過太陽25倍的恆星所誕生的，因此這類黑洞的質量都會大於太陽的質量。

反觀**原初黑洞的質量就沒有這樣的限制，所以有可能存在質量小於太陽的黑洞。如果能夠找到質量比太陽更小的黑洞，那麼便幾乎可以確定它是原初黑洞。**

遙遠的黑洞是原初黑洞

還有其他確認原初黑洞存在的方法。須山副教授說：「那就是找到離我們非常遙遠的黑洞。」這句話是什麼意思呢？

光（電磁波）和重力波的速度有限，從天體發出的光和重力波需要花一些時間才能到達地球，因此當我們利用這些為工具，對宇宙進行觀測時，捕捉到的天體離我們愈遠，呈現的樣貌就離現在愈久。

已知宇宙從前誕生的恆星數量比現在更多。照理說，時間愈早，由恆星演化而成的黑洞就愈多。然而，如果將時間回溯到宇宙誕生後數億年或更早（更遠）之前，源自恆星的黑洞合併現象，其數量反而會大幅下降，這是因為當時宇宙中的恆星才剛形成不久，所以恆星的數量不多，只有少數恆星迎來終結，因此沒有多少黑洞形成。

但是，須山副教授指出，「如果在那個誕生後不久的遙遠宇宙中發現黑洞合併現象的話，可以認為這個現象極有可能是原初黑洞所造成的。」因為早在宇宙誕生之初，連恆星都還尚未存在的

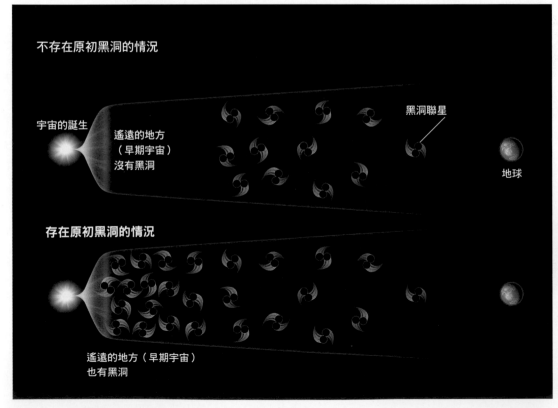

不存在原初黑洞的情況

宇宙的誕生

遙遠的地方
（早期宇宙）
沒有黑洞

黑洞聯星

地球

存在原初黑洞的情況

遙遠的地方（早期宇宙）
也有黑洞

發生在宇宙早期的原初黑洞合併

左邊示意圖呈現宇宙早期不存在原初黑洞（上）和存在原初黑洞（下）的差異。由於原初黑洞在宇宙誕生之初就已經存在，因此當我們利用重力波等方式觀測更遙遠的宇宙時，應該會發現大量的合併現象。如果在早期宇宙中沒有發現黑洞碰撞的話，那麼或許就表示原初黑洞幾乎沒有誕生。

時期，應該就有大量的原初黑洞存在。

透過次世代重力波觀測來捕捉原初黑洞

如第110頁所述，目前美國的重力波觀測裝置LIGO，與歐洲的VIRGO、日本的KAGRA所構成的重力波觀測網正在運作當中，重力波觀測是目前已知探索原初黑洞的有效手段。例如，只要發現質量為太陽0.2倍或0.1倍的輕黑洞，那就是原初黑洞的有力證據。

此外，日本也正在推動重力波觀測計畫，其中之一就是在岐阜縣飛驒市的神岡礦山地下建造的重力波望遠鏡「KAGRA」。KAGRA於2019年建造完成，隔年正式投入觀測任務。

另外，日本還計畫在太空中設置重力波望遠鏡，這項計畫就叫做「DECIGO」。這是由三個配備雷射振盪器、雷射光反射鏡和光探測器的人造衛星所組成的望遠鏡團隊。這些人造衛星在太空中排列成三角形，彼此相隔1000公里的距離，透過捕捉衛星之間極其微小的距離變化，從而偵測出微弱的重力波。

DECIGO的靈敏度極高，具有觀測宇宙誕生最早期的能力。此外，在發射DECIGO之前，還有一個用來驗證DECIGO所需技術、規模更小的「B-DECIGO」計畫。B-DECIGO預計於2020年代、DECIGO預計於2030年代發

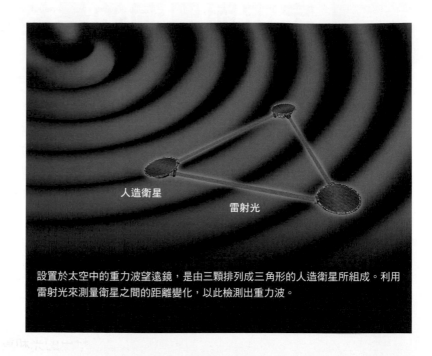

設置於太空中的重力波望遠鏡，是由三顆排列成三角形的人造衛星所組成。利用雷射光來測量衛星之間的距離變化，以此檢測出重力波。

（圖中標示：人造衛星、雷射光）

射升空。

如果能夠透過這些次世代觀測，捕捉來自恆星尚未誕生的早期宇宙所傳來的重力波，說不定就有機會直接找到原初黑洞。

以解開原初黑洞之謎為目標

如同第152頁的介紹，就目前的觀測來看，質量約10^{20}公克的原初黑洞，有可能是暗物質的真正樣貌。須山副教授說：「**倘若真是如此，可以認為宇宙中充滿著許多原初黑洞碰撞所產生的高頻率重力波，而單憑目前的技術仍無法捕捉到這類重力波**」。

這些充斥在宇宙中的重力波，可能會影響到由許多星系團組成之所謂「大尺度結構」（large-scale structure）的網狀結構。只要找到這一些跡象，或許就能夠驗證原初黑洞和暗物質之間的關係。

此外，原初黑洞在理論上也還

有很多不明之處。原田教授說：「比方說，也有觀點認為有些原初黑洞會自轉。如果能夠從理論上得知哪個時期誕生的原初黑洞是如何自轉的，那麼就能幫助我們驗證觀測到的資料。」

從理論上來看，原初黑洞是在大霹靂後不久，從密度的「波動」中產生。如果能夠找到這樣的原初黑洞，那當然是一個重大的發現，但即使證實原初黑洞並不存在，我們也能從中了解大霹靂之後的宇宙狀態，因為這樣就能限定不會產生原初黑洞的密度波動類型。

「原初黑洞」可說是既古老又新穎的神秘天體，透過其存在來解開宇宙之謎的研究，目前正如火如荼地進行當中。

宇宙與黑洞的最終章

像 恆星質量黑洞或巨大黑洞這樣的存在,由於蒸發所需時間極其漫長,感覺幾乎和我們沒什麼關係,但如果站在宇宙未來的角度來看,黑洞的蒸發便顯得相形重要。

我們的宇宙目前正在膨脹,未來這樣的宇宙會變得如何呢?黑洞將會走向怎樣的命運?

首先,太陽在大約80億年後就會燃燒殆盡,接著膨脹到火星軌道附近,最終變成白矮星。比太陽輕的恆星會繼續燃燒更長時間,但所有恆星都將在大約100兆年後燃燒殆盡。

在變得一片漆黑的宇宙星系中，只剩下大型恆星最終留下的黑洞、冷卻的中子星和白矮星，以及木星這類從一開始就無法燃燒的恆星。

極少數的恆星會在這樣的星系中相互接近，其中一方獲得巨大能量，被拋出星系之外。這種情況反覆發生，經過數次之後，支撐星系的能量逐漸變小塌縮，最終變成巨大的黑洞。

接著，在10^{20}年（1垓年）後的宇宙裡，只剩下星系塌縮而成的巨大黑洞，以及在廣闊空間中漂流的小型黑洞和冷卻恆星。

再經過一段時間，預計質子和中子也將衰變。這麼一來，不僅一般物質，白矮星和中子星也會蒸發，**宇宙將只剩下黑洞，而在更遙遠的未來，散布在宇宙各處的黑洞將會開始蒸發並發出光芒，當這些蒸發在大爆炸中完全結束之時，宇宙將迎來最終的「死亡」，只剩下基本粒子在空間中飛舞，變成持續膨脹和冷卻的寂靜宇宙。**

在遙遠的未來，宇宙將成為一片黑洞世界。愈小的黑洞會愈早開始蒸發，如果能夠觀察到，可能會看到黑洞先是發出黯淡的紅光，隨後逐漸變成閃閃發亮的白光。由於重力透鏡效應，大型黑洞的周圍會聚集遠方小型黑洞的光芒。整個星系塌縮而成的巨大黑洞尚未開始蒸發，也沒有發光，等到大型黑洞蒸發完畢後，宇宙將迎來「死亡」，並陷入一片黑暗。

看起來像黑洞的天體

質量超過太陽25倍左右的恆星，被認為最終會形成黑洞。恆星一旦耗盡用來發光的燃料，為了避免遭自身重力壓垮，支撐恆星內部的壓力就會減弱，最終在重力作用下，恆星核心發生劇烈的塌縮（重力塌縮）。這時除了密度無限大的「奇異點」之外，也會在周圍形成連光都無法逃逸的邊界

看起來像「黑洞」的天體

透過愛因斯坦方程式的計算，讓我們清楚知道恆星（質量超過太陽25倍）的核心在重力塌縮下形成黑洞的過程（圖左側）。另一方面，基於各種假設和理論，也有可能形成看似黑洞但實際上不是黑洞的天體。

黑洞
重力塌縮的恆星（質量超過太陽25倍）核心，被認為最終會形成黑洞。黑洞內有連光都無法逃逸的「事件視界」，以及物質密度無限大的「奇異點」。順帶一提，實際上存在的天體包括不會自轉的「史瓦西黑洞」和會自轉的「克爾黑洞」兩種。

事件視界

奇異點

恆星

重力塌縮的恆星核心

裸奇異點
周圍沒有事件視界包圍的奇異點，在這種狀態下，外部可以「看見」奇異點，理論上認為它有可能存在。部分研究人員認為，黑洞形成時引發的爆炸現象「γ射線暴」，可能是裸奇異點造成的現象，只不過目前尚未有觀測證據。

奇異點

「事件視界」，這就是黑洞。這個過程的計算，需要應用到廣義相對論的愛因斯坦方程式這類精密的重力理論。

根據熟悉愛因斯坦方程式與黑洞關係的日本立教大學理學部原田知廣博士的說法，愛因斯坦方程式的解也可能存在「看起來像是黑洞的其他天體」。

舉例來說，認為重力塌縮會緩慢發生的計算顯示，由於微觀世界中的重力特殊效應，物質不會塌縮成一點，可能是作為極其黯淡的「黑星」來保持形狀。此外，理論上也可能存在密度無限大但沒有事件視界的「裸奇異點」（naked singularity），或者以超高速自轉的有限密度物體來取代奇異點的「超自旋體」（super spinner）。

不過截自目前為止，尚未發現觀測到這些天體的證據。

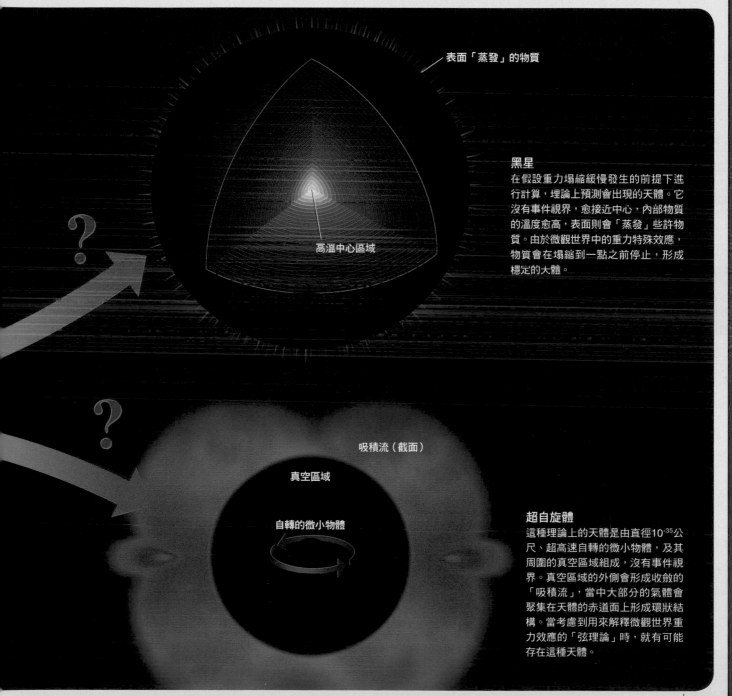

表面「蒸發」的物質

高溫中心區域

黑星
在假設重力塌縮緩慢發生的前提下進行計算，理論上預測會出現的天體。它沒有事件視界，愈接近中心，內部物質的溫度愈高，表面則會「蒸發」些許物質。由於微觀世界中的重力特殊效應，物質會在塌縮到一點之前停止，形成穩定的大體。

吸積流（截面）

真空區域

自轉的微小物體

超自旋體
這種理論上的天體是由直徑10^{-35}公尺、超高速自轉的微小物體，及其周圍的真空區域組成，沒有事件視界。真空區域的外側會形成收斂的「吸積流」，當中大部分的氣體會聚集在天體的赤道面上形成環狀結構。當考慮到用來解釋微觀世界重力效應的「弦理論」時，就有可能存在這種天體。

吐出所有東西的白洞

黑洞的存在一開始就是從廣義相對論推導出來的，而廣義相對論還預言了另一種奇妙的天體，那就是「白洞」。

事實上，白洞和黑洞是因廣義相對論預言而同時存在的。根據廣義相對論，當推導出計算恆星內部與周圍重力的方程式時，這個方程式所代表的意義同時包含了黑洞和白洞存在的可能性。

從這個方程式來看，黑洞和白洞是時間相互對立的關係。舉例來說，假設我們用攝影機把一顆球向上拋起再落下的過程拍攝下來，如果將這個拍攝的影片倒轉，可以看見球的運動並沒有違反任何物理定律（排除空氣阻力等影響）。就像這顆球一樣，物體在重力作用下的運動，即使把時間反轉過來，仍會呈現在重力作用下的運動；按照專業術語的說法，即使時間反轉，重力的物理定律依然成立。

因此，黑洞造成的重力現象，即使時間反轉也會成立。如果將黑洞不斷吞噬物體的時間倒轉過來，就會變成物體接連從黑洞中噴出，但這種奇特的景象其實並沒有違反重力定律，我們將發生這種奇特現象的黑洞稱為白洞。

由此可以得知白洞的性質。換言之，黑洞是任何東西都無法從內部逃脫的天體，白洞則是沒有任何東西能夠停留在內部的天體。**白洞會將聚集在其內部奇異點的質量，以物質或光等形式不斷地向外噴出。**

像黑洞一樣，白洞也有邊界面。物體可以從邊界面的內側向外側移動，卻無法從外側向內側移動，甚至連光也無法進入。

然而，這樣的天體是否真的存在於現實的宇宙中？儘管有些人認為白洞可能存在於宇宙的某個地方，但至少目前為止尚未發現任何類似白洞的天體。

吐出物質和光的白洞

圖示為白洞想像圖。顯示中心的奇異點噴出物質（基本粒子）和光的景象，但實際上沒人知道哪些東西會從奇異點中噴出。

穿過從黑洞到白洞的隧道

白洞是否存在？如果存在，為什麼沒被發現？還有，在黑洞中心的「奇異點」會發生什麼事呢？

美國理論物理學家哈加德（Hal Haggard），於2015年發表了一個足以完全解答這些問題的理論。由於這個理論有可能解決各種問題，因此備受關注。

如果將相對論簡單地應用到黑洞的中心，各種物理量就會變成無限大，導致計算失敗。物理量變成無限大不符合現實，因此相對論方程式可能無法解釋奇異點發生的現象，需要其他物理學理論的支持，而處理基本粒子等微小物體的物理學「量子力學」，有望成為解決這個問題的關鍵。

如果可以透過量子力學的效果來避免黑洞中心區域的物理量變成無限大，這樣一來會發生什麼事呢？哈加德針對這點進行一番研究。黑洞的中心部分受到量子力學的效應所影響，會產生一個非常小的區域來取代奇異點，遭黑洞吞噬的物質會一路墜入內部，最後到達位於黑洞中心的這塊小區域。

量子力學中有一種電子穿透牆壁的神祕現象，叫做「穿隧效應」（tunnelling effect）。原本接近牆壁軌道的電子，因為穿隧效應而移動到牆壁另一側遠離牆壁的軌道上。

根據哈加德的假設，**墜入黑洞內部軌道的物質，在到達中心區域時，會因為穿隧效應而轉移到從白洞釋放出來的物質軌道上，隨後即通過白洞的事件視界向外飛出。**

如果從外部觀察，黑洞會在很長一段時間後變成白洞，將吞噬的物質釋放出來；換句話說，黑洞藉穿隧效應變成了白洞。

不過，對於質量相當於太陽的黑洞來說，發生這種變化需要10^{24}年，也就是大約1兆年的1兆倍時間，所以目前仍無法觀測到，這就是我們至今仍無法發現白洞的原因。另外，根據這個理論的預測，黑洞會比霍金輻射蒸發的速度更快變成白洞，從而避免黑洞蒸發所造成的資訊悖論。

白洞的樣貌

黑洞的中心不是奇異點，而是一塊受到量子力學效應所影響的極小區域。原本在恆星內部，或者說黑洞的事件視界內側的物質，都會朝中心區域墜落。當這些物質到達量子力學區域時，會因為穿隧效應而轉移至從白洞出來的軌道上，然後釋放到外部，在外部的觀測者看來，就像是黑洞經過漫長時間之後變成了白洞。

瞬間連接兩個空間的蟲洞

除了白洞之外，與黑洞一起被廣義相對論預言其存在的「洞穴」還有一個，那就是「蟲洞」。**蟲洞是一種連接某個空間和另一個空間的通道結構，據說一旦穿過蟲洞，就能瞬間移動到另一個空間。**

從字面上的意思來看，蟲洞就是「蟲啃食的洞」。之所以會這麼命名，是因為這種「空間通道」就宛如蟲啃食過的洞一般。

打個比方，假設有一隻生活在蘋果表面的蟲。對這隻蟲來說，蘋果的表面就是全世界，如果要走到蘋果的另一端，這隻蟲只能沿著蘋果的表面前進。

直到某一天，這隻蟲想到在蘋果上直接挖出一條隧道通往另一端的方法，這麼一來，這隻蟲就可以比以前更快地到達蘋果的另一端，蟲洞可以說正是這種類似被蟲啃食的洞。此外，蟲洞有時也稱為「愛因斯坦-羅森橋」（Einstein-Rosen bridge）。

話說回來，第138頁曾提到如果是自轉的黑洞，遭黑洞吞噬的物質有可能避開環狀的奇異點，在另一個空間的白洞中出現。

這種類似連接黑洞與白洞的通道結構，有時也會稱為蟲洞。

不過，如果黑洞與白洞是連接在一起，那麼穿越的另一端將是與我們所在宇宙不同的宇宙，而且無法從白洞的那一側返回。

另外，一般認為蟲洞是極其不穩定的存在。儘管理論上可以通過，但實際上當物質或光試圖穿過時，由此產生的能量「波動」會放大，繼而導致蟲洞塌縮。

白洞

蟲洞

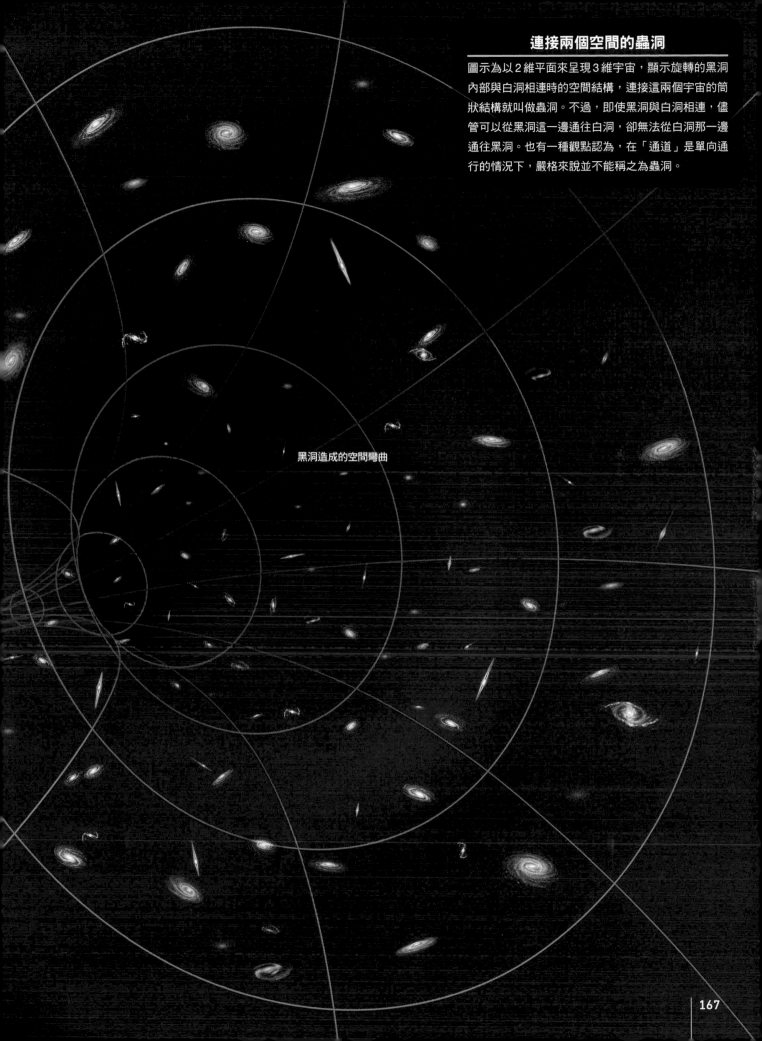

連接兩個空間的蟲洞

圖示為以 2 維平面來呈現 3 維宇宙，顯示旋轉的黑洞
內部與白洞相連時的空間結構，連接這兩個宇宙的筒
狀結構就叫做蟲洞。不過，即使黑洞與白洞相連，儘
管可以從黑洞這一邊通往白洞，卻無法從白洞那一邊
通往黑洞。也有一種觀點認為，在「通道」是單向通
行的情況下，嚴格來說並不能稱之為蟲洞。

黑洞造成的空間彎曲

利用蟲洞就能進行時光旅行？

沒有奇異點且不是單向通行的蟲洞，理論上是有可能存在的，假如真的存在這樣的蟲洞，我們就能瞬間移動到遙遠的地方，隨後返回原處，也就是可以突破「空間障礙」。

此外，據說蟲洞可以讓我們突破「時間障礙」，實現時光旅行的夢想。根據相對論的說法，移動中物體的時間流逝，相較於靜止的物體要來得慢，當物體的移動速度愈接近光速，這個效果就愈明顯。

假設現在的時間是「2100年」，在地球附近有兩個蟲洞的

利用蟲洞進行回到過去的時光旅行

圖示如何利用蟲洞實現回到過去的時光旅行，使其中一邊的蟲洞出入口移動的情形。當蟲洞的出入口以接近光速的速度移動時，該出入口的時間流逝就會變慢，透過相對論預測的這種效果來產生時間差，進行回到過去的時光旅行。物體在高速移動的情況下可以使時間過得慢，這一點已由加速器的基本粒子碰撞實驗，其中時間過得慢的基本粒子壽命延長等現象得到確認。

一邊出入口（不移動）

出入口（1），其中一個出入口以接近光速的速度遠離（2），隨即返回原處（3）。在這段時間，地球上已經過了10年（2110年），反觀移動的出入口只過了2年（2102年），這時如果跳進2102年的出入口，身處2110年世界的人就能進行時光旅行回到2102年的世界（4）。

另外，這種方法原則上無法透過時光旅行回到比蟲洞存在時更早的時間點。也就是說，在這個例子中，我們無法回到2100年以前。

再者，蟲洞的狀態極不穩定，即使成功創造出蟲洞，也注定很快就會塌縮。根據美國索恩（Kip Thorne，1940～）的說法，**要維持蟲洞的穩定，需要「帶有負壓的物質」**。帶有負壓**的物質與一般的能量（物質）相反，具有擴張空間的性質，透過這種性質，對不穩定的蟲洞進行補強**，這種帶有負壓的物質稱為「奇異物質」（exotic matter）。不過，蟲洞充其量只是理論上的存在，目前還不清楚造出蟲洞的方法。

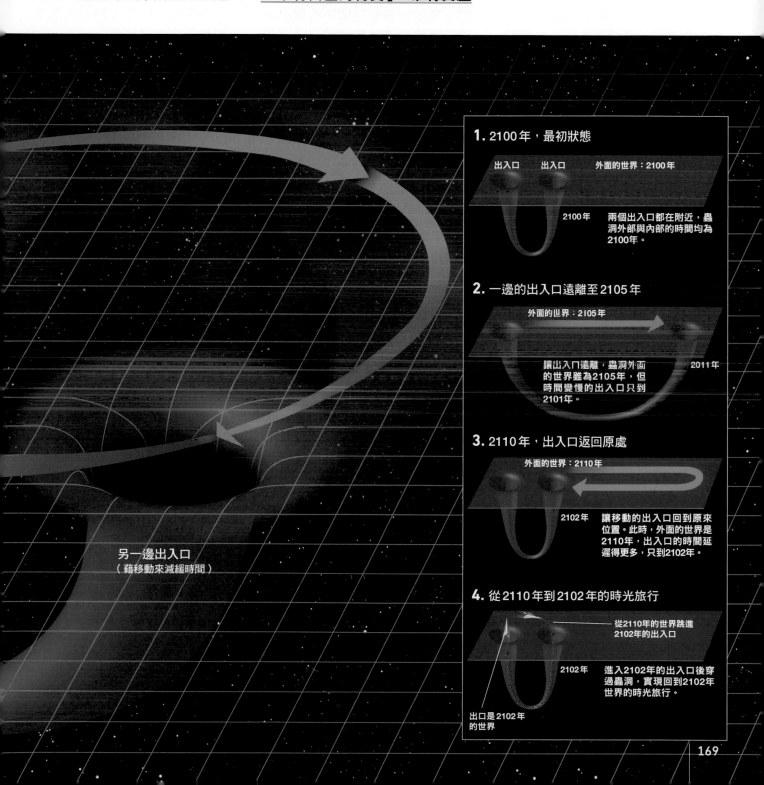

另一邊出入口
（藉移動來減緩時間）

1. 2100年，最初狀態

出入口　　出入口　　外面的世界：2100年

2100年　　兩個出入口都在附近，蟲洞外部與內部的時間均為2100年。

2. 一邊的出入口遠離至2105年

外面的世界：2105年

讓出入口遠離，蟲洞外面的世界雖為2105年，但時間變慢的出入口只到2101年。　　　　　　2011年

3. 2110年，出入口返回原處

外面的世界：2110年

2102年　　讓移動的出入口回到原來位置。此時，外面的世界是2110年，出入口的時間延遲得更多，只到2102年。

4. 從2110年到2102年的時光旅行

從2110年的世界跳進2102年的出入口

2102年　　進入2102年的出入口後穿過蟲洞，實現回到2102年世界的時光旅行。

出口是2102年的世界

微觀世界中的蟲洞會忽隱忽現

　　下面我們將更深入地探討目前尚未發現的蟲洞之實際存在的可能性。

　　根據量子理論，微小領域存在著能量的「波動」，相鄰的領域間會不斷地進行能量交換。利用這些能量，各種基本粒子會瞬間成對產生或湮滅，能量恢復原狀的情況頻繁發生。不只發生在特殊空間，就連宇宙和我們生活周遭的空間也普遍存在這種現象。

　　許多研究人員認為，**這種「波動」會導致各個空間中的微小蟲洞反覆瞬間產生和湮滅**，只可惜我們無法觀測到這個現象。

　　也有研究人員認為，如果能夠透過某些方法放大這些微小的蟲洞，使其變得更加穩定，或許就能利用它進行跨越空間的移動或時光旅行，只是人類對於這個方法還沒有任何頭緒。

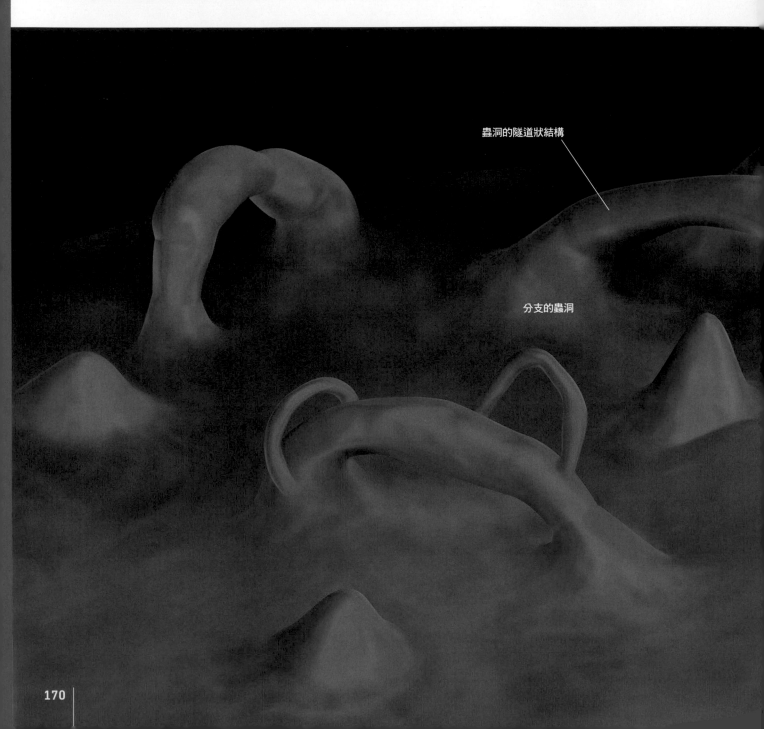

蟲洞的隧道狀結構

分支的蟲洞

在微觀世界忽隱忽現的蟲洞

這是根據量子理論，以 2 維呈現 3 維空間的形式，描繪出蟲洞在微觀世界中產生和湮滅的示意圖。與第168頁～第169頁的圖相反，這張圖是從能夠清楚看見隧道狀結構的方向進行描繪。量子理論告訴我們，若考慮到極小的尺度和極短的時間，那麼所有空間都不會保持在固定的狀態，能量的波動一直存在，而這些波動會讓蟲洞出現又消失。

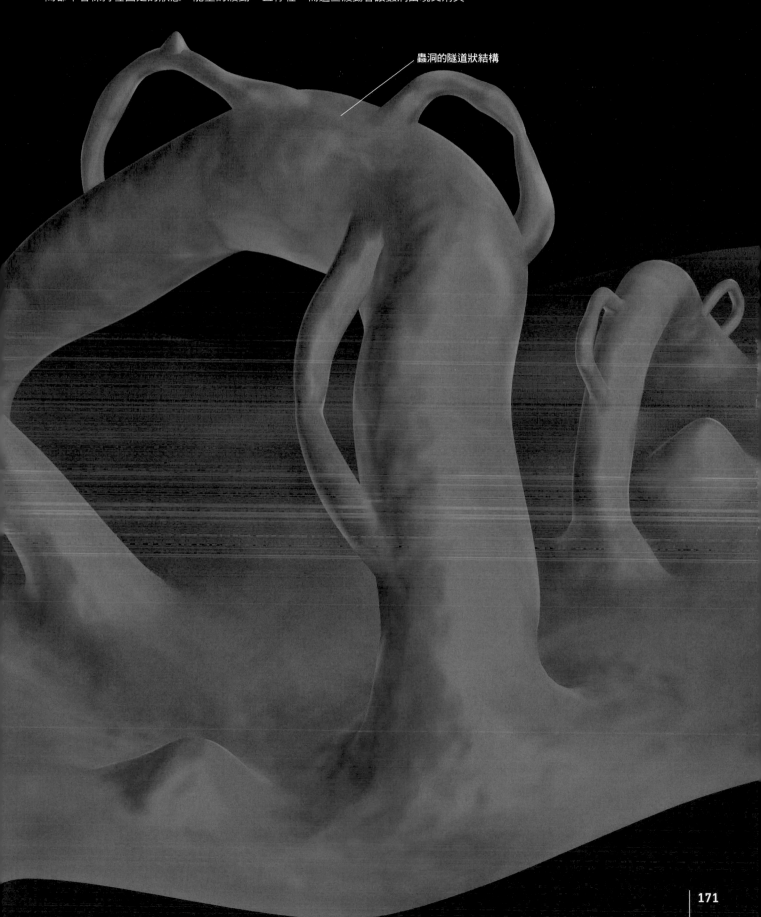

蟲洞的隧道狀結構

膜宇宙與蟲洞

有可能產生可以通行的蟲洞

第168頁～第169頁中曾介紹需要一種帶有負壓的特殊物質（奇異物質）來維持蟲洞的結構。不過，近年來有人指出，透過思考「高維度」的世界，這個問題就有可能獲得解決。

對我們而言，這個宇宙看似是由長、寬、高構成的3維空間，加上時間所組成的「4維時空」，但據說在實際的宇宙中，可能還存在著5維或更高的維度。

在探討這類高維空間時，**有個假設是將我們生活的4維時空宇宙比喻為「飄浮在高維空間中的膜」，此稱為「膜宇宙論」（brane cosmology）。根據膜宇宙論的假設，第5維度之外可能還存在著其他的膜（brane），也就是另一個宇宙**。因為我們被困在膜內，所以無法穿過第5維度移動至另一個膜。

那麼，讓我們試著思考看看這些膜的某些部分在偶然間接觸的情況。**根據相對論的計算，這時有可能在兩個膜的接觸點上形成蟲洞**。此外，第5維度會產生類似於維持蟲洞結構所需特殊物質（奇異物質）的效果，因此即使沒有特殊物質，蟲洞也可能穩定存在。不管怎麼說，利用蟲洞在一瞬間到達宇宙的任何地方，這種像「任意門」一樣的便利道具恐怕真的無法實現。 🪐

連接宇宙的蟲洞

圖示為在蟲洞的另一邊可看見其他宇宙的星系。在我們所認知的4維時空中，蟲洞看起來像球狀，如因膜宇宙的接觸而形成蟲洞，我們看到的景象應該就會像圖中所示一樣。

膜宇宙一旦接觸就會形成蟲洞？

膜宇宙1

一旦接觸就會形成蟲洞？

膜宇宙2

連接相同膜宇宙的蟲洞

膜宇宙1

膜宇宙2

連接不同膜宇宙的蟲洞

根據膜宇宙論，高維度空間中有可能存在
與我們的宇宙不同的膜（膜宇宙）。當兩個
膜宇宙的某些部分接觸時，那裡就有可能
形成蟲洞，讓我們可以在兩個膜宇宙之間
來回穿梭。在一般的 4 維時空中，蟲洞需
要用具有負能量的「奇異物質」來補強，
以維持其結構。然而，根據這個理論，即
使沒有奇異物質，蟲洞的結構也有可能得
以維持。

　　值得一提的是，膜宇宙的接觸也有可能
發生在折疊起來的一個膜宇宙（即同一個
宇宙）當中。另外，透過膜宇宙之間的碰
撞來解釋宇宙起源大霹靂的「火宇宙理論」
（ekpyrotic universe theory），並非某些
部分接觸，而是整個膜宇宙碰撞的情況。

人人伽利略 科學叢書 26

星系·黑洞·外星人　充滿謎團的星系構造與演化　　售價：500元

　　太陽系為銀河系的一員，然而我們卻沒辦法從外面觀看全貌，僅能藉由長年來的觀測資訊，從中了解銀河系的螺旋臂、圓盤等構造，欣賞分布其中的許多美麗星系與星雲，而要談到星系的起源，就不得不提原初黑洞與暗能量等研究。

　　另外，這個宇宙有沒有地球外智慧生物（外星人）存在呢？本書帶你一探究竟。

人人伽利略 科學叢書 32

宇宙用語220　收錄最新天文資訊　了解宇宙220個重要關鍵詞　　售價：500元

　　首先回顧漫長的宇宙探索歷史，接下來把焦點放在銀河系內的千億至數千億顆恆星，從星體誕生至終結，探究恆星的璀璨一生。接著講述太陽系內各種大小天體，與生活息息相關的星座等。

　　本書多達220個宇宙關鍵詞皆參照當今最新資訊編撰而成，本書值得每一個求知若渴的天文迷收藏。

人人伽利略 科學叢書 12　　　　　　　　　　　　　　售價：450元

量子論縱覽　從量子論的基本概念到量子電腦

　　本書是日本Newton出版社發行別冊《量子論增補第4版》的修訂版。本書除了有許多淺顯易懂且趣味盎然的內容之外，對於提出科幻般之世界觀的「多世界詮釋」等量子論的獨特「詮釋」，也用了不少篇幅做了詳細的介紹。此外，也收錄多篇介紹近年來急速發展的「量子電腦」和「量子遙傳」的文章。

★國立臺灣大學物理系退休教授　曹培熙　審訂、推薦

新觀念伽利略 01

物理

彙整自然界的重要規則

新觀念伽利略 02

量子論

改變人類社會的新技術由此而生

新觀念伽利略 03

統計

培養資料分析的能力

新觀念伽利略 04

機率

預測未來的學問

新觀念伽利略 05

指數與對數

學會便能強化數學能力

新觀念伽利略 06

三角函數

掌握角度與長度的現代必備數學

Staff

Editorial Management	中村真哉
Design Format	宮川愛理
Editorial Staff	小松研吾，加藤 希
Writer	荒舩良孝（56〜57，90〜95ページ），中野太郎（4，12〜13，28〜29，54〜55，86〜93，110〜111，116〜125ページ）， 小谷太郎（88〜89，130，146〜149，152〜153，156〜159，162〜165ページ）

Photograph

5	The SXS (Simulating eXtreme Spacetimes) Project	
10-11	The SXS (Simulating eXtreme Spacetimes) Project	
12〜13	【さまざまな波長でとらえたブラックホール】The EHT Multiwavelength Science Working Group; the EHT Collaboration; ALMA (ESO/NAOJ/NRAO); the EVN; the EAVN Collaboration; VLBA (NRAO); the GMVA; the Hubble Space Telescope; the Neil Gehrels Swift Observatory; the Chandra X-ray Observatory; the Nuclear Spectroscopic Telescope Array; the Fermi-LAT Collaboration; the H.E.S.S collaboration; the MAGIC collaboration; the VERITAS collaboration; NASA and ESA. Composition by J. C. Algaba，【ブラックホールの周辺から噴きだすジェット】EHT Collaboration, EAVN Collaboration	
26-27	JAXA/RIKEN/MAXIチーム	
27	NASA/CXC，NASA/CXC/SAO/F.Seward et al	
45	NOAO/AURA/NSF，MERLIN	
48-49	X-ray: NASA/CXC/Caltech/P.Ogle et al; Optical: NASA/STScI; IR: NASA/JPL-Caltech; Radio:NSF/NRAO/VLA	
50〜51	NASA，J. Bahcall (IAS, Princeton), M. Disney (Univ. Wales), NASA	
53	NASA and Karl Gebhardt (Lick Observatory)，K. Cordes & S. Brown (STScI)	
54-55	XMM-Newton, ESA, NAS	
55	© Miller 2007, Annual Review of Astronomy and Astrophysics, Vol. 45:441-479 を改変	
56	ESO/R.Gendler	
57	ALMA (ESO/NAOJ/NRAO), K. Onishi (SOKENDAI), NASA/ESA Hubble Space Telescope	
66-67	ESO/S. Guisard (www.eso.org/~sguisard)	
67	ESO/S. Brunier	
68-69	ESO/VVV Survey/D. Minniti Acknowledgement: Ignacio Toledo, Martin Kornmesser	
69	ESO/ATLASGAL consortium/NASA/GLIMPSE consortium/VVV Survey/ESA/Planck/D.Minniti/S. Guisard Acknowledgement: Ignacio Toledo, Martin Kornmesser	
70-71	Image courtesy of NRAO/AUI	
71	ESO/ATLASGAL consortium/NASA/GLIMPSE consortium/VVV Survey/ESA/Planck/D.Minniti/S. Guisard Acknowledgement: Ignacio Toledo, Martin Kornmesser	
72-73	NASA/JPL-Caltech/ESA/CXC/STScI	
73	Image courtesy of NRAO/AUI	
75	ESO/S. Gillessen et al., JAXA・坪井昌人，NASA/JPL-Caltech/ESA/CXC/STScI	
77	UCLA Galactic Center Group - W.M. Keck Observatory Laser Team	
79	UCLA Galactic Center Group - W.M. Keck Observatory Laser Team，国立天文台	
80	ASCA and Suzaku: JAXA; Chandra: NASA/CXC; XMM-Newton: ESA	
80-81	NASA/CXC/Amherst College/D.Haggard et al.	
82-83	ESO	
84，87	苫小牧工業高等専門学校 高橋労太	
89	【ブラックホールの画像】EHT Collaboration	
90〜91	EHT Collaboration	
92	【サブミリ波望遠鏡】University of Arizona, David Harvey, photographer，【ジェームズ・クラーク・マクスウェル望遠鏡】William Montgomerie, EAO/JCMT，【サブミリ波干渉計】Shelbi R. Schimpf，【大型ミリ波望遠鏡】© Large Millimeter Telescope，【アルマ望遠鏡】X-CAM / ALMA (ESO/NAOJ/NRAO)，【南極点望遠鏡】Dr. Daniel Michalik，【APEX】ESO，【IRAM30m望遠鏡】© IRAM	
93	EHT Collaboration	
94	NASA and the Hubble Heritage Team/ 国立天文台	
95	国立天文台/韓国天文研究院/AND You Inc.，国立天文台	
98-99	NOIRLab/NSF/AURA/J. da Silva (Spaceengine)	
100	梅村雅之	
101	X-ray: NASA/CXC/Scuola Normale Superiore/Pacucci, F. et al, Optical: NASA/STScI; Illustration: NASA/CXC/M.Weiss	
104	NASA/SAO/CXC/G. Fabbiano et al.	
105	Inset: X-ray: NASA/CXC/Tsinghua Univ./H.Feng et al.; Full-field: X-ray: NASA/CXC/JHU/D.Strickland; Optical: NASA/ESA/STScI/AURA/The Hubble Heritage Team; IR: NASA/JPL-Caltech/Univ. of AZ/C. Engelbracht	
110-111	Newton Press（画像素材：【一覧表】Carl Knox (OzGrav, Swinburne University of Technology，【GW190521】D. Ferguson, K. Jani, D. Shoemaker, P. Laguna, Georgia Tech, MAYA Collaboration，【ブラックホールの衝突】Mark Myers, ARC Centre of Excellence for Gravitational Wave Discovery (OzGrav)）	
117	EHT Collaboration	
125	EHT Collaboration, EAVN Collaboration，本間希樹	
126-127	A. Y. Wagner, G. V. Bicknell, M. Umemura, R. S.Sutherland,and J.Silk，AN 337, No.1/2,167-174 (2016)	
133	NASA, ESA, P. Natarajan (Yale University), G. Caminha (University of Groningen), M. Meneghetti (INAFObservatory of Astrophysics and Space Science of Bologna), and the CLASH-VLT/Zooming teams	

Illustration

Cover Design, 1, 2	宮川愛理（画像：XMM-Newton, ESA, NASA）	46-47	吉原成行	88-89	岡田香澄	129	吉原成行
2	小林 稔	48	小林 稔	92	Newton Pres（地図：Made with Natural Earth.）	130〜137	Newton Press
3	Newton Press	52-53	矢田 明	97	Newton Press	138-139	浅野 仁
6-7	Newton Press	59〜63	Newton Press	100〜104	Newton Press	140-141	Newton Press
8-9	荻野瑤海	60-61	Newton Press（天の川：ESO/S. Brunier）	106〜107	Newton Press	142-143	吉原成行
15	小林 稔	64-65	Newton Press	108-109	加藤愛一	144-145	矢田 明
16-17	小﨑哲太郎，Newton Press	74	岡本三紀夫	112〜115	Newton Press	146〜157	Newton Press
18〜25	Newton Press	76〜78	Newton Press	118〜123	Newton Press	158-159	小林 稔
28〜41	Newton Press	85	Newton Press	124	Newton Pres（地図：Made with Natural Earth.）	160〜171	Newton Press
42〜45	小林 稔	87	Newton Press			172-173	小林 稔
						175	Newton Press

【 人人伽利略系列 40 】

黑洞・白洞・蟲洞
時間與空間的扭曲產生出神祕的「時空洞穴」

作者／日本Newton Press
翻譯／趙鴻龍
執行副總編輯／陳育仁
發行人／周元白
出版者／人人出版股份有限公司
地址／231028 新北市新店區寶橋路235巷6弄6號7樓
電話／（02）2918-3366（代表號）
傳真／（02）2914-0000
網址／www.jjp.com.tw
郵政劃撥帳號／16402311 人人出版股份有限公司
製版印刷／長城製版印刷股份有限公司
電話／（02）2918-3366（代表號）
香港經銷商／一代匯集
電話／（852）2783-8102
第一版第一刷／2024年7月
定價／新台幣500元
　　　港幣167元

國家圖書館出版品預行編目（CIP）資料

黑洞・白洞・蟲洞：時間與空間的扭曲產生出
神祕的「時空洞穴」日本Newton Press作；
趙鴻龍翻譯. --
新北市：人人出版股份有限公司, 2024.07
面；公分. —（人人伽利略系列；40）
ISBN 978-986-461-393-9（平裝）
1.CST：宇宙　2.CST：天文學

323.9　　　　　　　　　　　113006726